DK 629.135.2.004.17:621.454 662.75.004.18 621.431.75
031.35.018.73 629.1.038.004.15 621-843.8

FORSCHUNGSBERICHTE
DES WIRTSCHAFTS- UND VERKEHRSMINISTERIUMS
NORDRHEIN-WESTFALEN

Herausgegeben von Staatssekretär Prof. Dr. h. c. Dr. E. h. Leo Brandt

Nr. 390

Dr.-Ing. Johann Endres

Messerschmitt GmbH., Rheinland

Berechnung der optimalen Leistungen, Kraftstoffverbräuche und Wirkungsgrade von Luftfahrt-Gasturbinen-Triebwerken am Boden und in der Höhe bei Fluggeschwindigkeiten von 0-2000 km/h und vorgegebenen Düsenausströmgeschwindigkeiten

Als Manuskript gedruckt

SPRINGER FACHMEDIEN WIESBADEN GMBH

1958

Additional material to this book can be downloaded from http://extras.springer.com.
ISBN 978-3-663-03213-7 ISBN 978-3-663-04402-4 (eBook)
DOI 10.1007/978-3-663-04402-4

Gliederung

I. Vorbemerkung . . . . S. 5

II. Zusammenstellung der Formelzeichen . . . . S. 5

1. Indices . . . . S. 5
2. Formelzeichen . . . . S. 6
3. Abkürzungen . . . . S. 8

I. Konstruktiver Aufbau und Wirkungsweise des Propeller - Turbinen - Lader - Triebwerkes . . . . S. 9

V. Berechnungsgang . . . . S. 10

1. Bemerkung . . . . S. 17

V. Literatur, Annahmen, Stoffwerte und Wirkungsgrade . . . S. 29

I. Besprechung und Diskussion der Schaubilder . . . . S. 38

1. Leistung $\frac{PS}{m^3 \text{ v. Zustand } 1}$ . . . . S. 41

a) Geschwindigkeit w_∞ . . . . S. 42

1) Größe des Optimalwertes der Leistung . . . . S. 42

2) Lage des Optimalwertes der Leistung . . . . S. 43

b) Höhe h . . . . S. 43

c) Geschwindigkeit w_1 vor dem Verdichter . . . . S. 43

2. Wirkungsgrad η_{ges}% . . . . S. 44

a) Geschwindigkeit w . . . . S. 45

b) Höhe h . . . . S. 45

c) Gegenüberstellung der Verhältnisse beim Optimum . . . . S. 46

d) Stauwirkungsgrad $\eta_{pol\ St}$ . . . . S. 47

e) Verdichterwirkungsgrad $\eta_{pol\ V}$ . . . . S. 47

f) Turbinenwirkungsgrad $\eta_{ad\ T}$ . . . . S. 48

3. Spez. Kraftstoffverbrauch B/N kg/PSh . . . . S. 48

4. Restschub S kp/m^3, Einfluß der Düsenausströmungsgeschwindigkeit w_5 . . . . S. 51

I. Zusammenfassung . . . . S. 51

I. Anhang . . . . S. 55

1. Berechnungstabellen 1 - 7 . . . . S. 55
2. Abbildungen 3 - 16 (Schaubilder) . . . . S. 59

I. V o r b e m e r k u n g

r vorliegende Bericht behandelt im Rahmen einer Untersuchung über Zwei-
eis-Turbinenlader-Triebwerke, zu denen auch das Propeller-Turbinenlader-
.ebwerk, im folgenden kurz PTL-Triebwerk genannt, zu rechnen ist, aus-
lließlich das Gasturbinen-Triebwerk und sein Verhalten im Unter und
erschallbereich in verschiedenen Flughöhen ohne Berücksichtigung der
:hältnisse bei der Umsetzung der Triebwerksleistung in Vortriebslei-
ng durch die Luftschraube, da einwandfreie Versuchsunterlagen im Be-
ch der höheren Fluggeschwindigkeiten und größeren Flughöhen nicht be-
nt sind. Aus Veröffentlichungen in der Fachpresse ist lediglich be-
nt geworden, daß in den USA an der Entwicklung einer Überschall-
raube gearbeitet wird, und daß die Curtiss-Schraube bereits mit Erfolg
das Überschallgebiet vorgestoßen ist.

Ergebnisse der vorliegenden Berechnungen und Untersuchungen können
mal für PTL-Triebwerke mit bekannten Luftschraubenwirkungsgraden im
erschallbereich und ferner für die eigentlichen Zweikreis-Turbinen-
er-Triebwerke im engeren Sinne verwendet werden, wobei anstelle der
tschraube ein mehrstufiger Axialverdichter zur Beschleunigung der Im-
smasse im zweiten Kreis eingeführt wird. Die Optimalberechnung für
en derart ausgebildeten zweiten Kreis wird in einem besonderen Be-
ht durchgeführt werden.

Z u s a m m e n s t e l l u n g d e r F o r m e l z e i c h e n

1. Indices (vergl. auch Abb. 1)

.... Zustand der ruhenden Atmosphäre genügend weit vom Triebwerk entfernt

.... Zustand am Verdichter-Eintritt

.... Zustand am Verdichter-Austritt

.... Zustand vor den Düsen der Turbine

.... Zustand nach einer theoretisch adiabaten Expansion vom Zustand 3 um das Druckverhältnis ψ_T

.... Zustand am Austritt aus der Turbine (Totaler Zustand)

.... Zustand am Austritt aus der Turbine (Rechnerischer Zustand)

.... Zustand im Austrittsquerschnitt der Düse bei adiabater Expansion

5 .... Zustand im Austrittsquerschnitt der Düse (rechn.Zustand)

St .... Staudiffusor

V .... Verdichter

T .... Turbine

D .... Schubdüse

2. Formelzeichen

$c_p \frac{kcal}{kg\ grd}$	Spez. Wärme bei konstantem Druck, je nach den betrachteten Teilabschnitten des Triebwerkes wird unter Benützung der oben angegebenen Indices unterschieden in $c_{p\ V}$; $c_{p\ T}$ und $c_{p\ D}$
g m/s^2	Erdbeschleunigung
h km	Höhe
$i \frac{kcal}{kg}$	Enthalpie
$m_b' \frac{kg\ s^2/m}{s\ m^3}$	Je Sekunde und je m^3 Luft v. Zustand 1, eingespritzte Kraftstoffmasse
$m' \frac{kg\ s^2/m}{s\ m^3}$	Je Sekunde durchgesetzte Luftmasse, deren Volum beim Zustand 1 gerade 1 m^3 beträgt
n_{St} -	Polytropen-Exponent des Vorstaues
n_V -	Polytropen-Exponent der Verdichtung
p at	Druck
v m^3/kg	spez. Volumen
w m/s bzw.km/h	Geschwindigkeit
F_o m^2	gesamter innerer Querschnitt (einschließlich Nabe) des Triebwerkes am Verdichtereintritt
F_1 m^2	Freie Durchtrittsfläche am Verdichtereintritt
F_5 m^2	Querschnitt am Schubdüsenaustritt
G_V kg	Gewicht des Durchsatzes im Verdichter
G_T kg	Gewicht des Durchsatzes in der Turbine
$H \frac{kcal}{kg}$	unterer Heizwert bei konst. Druck des eingespritzten Kraftstoffes

kcal	Enthalpie
kcal	Innere Arbeit
kcal	Effektive Arbeit
o kcal zw. al/m^3	Am Wellenstumpf des Triebwerkes (vor Untersetzungsgetriebe!) zum Antrieb des Propellers verfügbare Arbeit
PS/m^3	Gesamtleistung des Triebwerkes (Wellenleistung, entspr. L_{Po} + Leistung des Restschubes)
$\frac{kg}{m^2}$	Druck
$\frac{mgk}{kg\ grd}$	Spez. Gaskonstante der Luft
kp/m^3	Restschub[1)]
^oK	Absolute Temperatur
m^3	Volumen
m/s	vorgegebene Geschwindigkeit im Schubdüsen-Austrittsquerschnitt
kg/m^3	spez. Gewicht
-	Druckverlustverhältnis in der Brennkammer
$= \frac{F_o}{F_5}$	Flächenverhältnis
pol St -	Polytrop. Vorstau-Wirkungsgrad
pol V -	Polytrop. Verdichter-Wirkungsgrad
ad T -	Adiabater Turbinen-Wirkungsgrad
n V -	Mechanischer Wirkungsgrad des Verdichterteiles
n T -	Mechanischer Wirkungsgrad des Turbinenteiles

Die Bezeichnung der Krafteinheit mit kp wird hier nur für die Schubkraft verwendet, im übrigen aber wird die in Deutschland immer noch gültige Normbezeichnung kg beibehalten. Durch diesen Kompromiß soll der Tatsache Rechnung getragen werden, daß in der ausländischen Literatur vielfach die Bezeichnung "Kilopound" kp für die Krafteinheit, also auch für den Schub verwendet wird

η_D - Düsenwirkungsgrad = (Geschwindigkeitsziffer)^2

η_{Br} - Brennkammerwirkungsgrad = Verhältnis von tatsächlich fre werdender Wärme zu der bei vollkomm.Verbrennung zur Verfügung stehenden Wärme

$\kappa = \frac{c_p}{c_v}$ - Adiabaten-Exponent, je nach den betrachteten Teilabschnitten des Triebwerkes wird unter Benützung der oben angegebenen Indices unterschieden in: κ_v; κ_T; κ_D

$\rho \; \frac{kg\,s^2}{m^4}$ Dichte

ρ_{St} -- Druckverhältnis durch Vorstau

ρ -- Druckverhältnis der Verdichtung

ρ_T -- Druckverhältnis der Expansion in der Turbine

ψ - Geschwindigkeitsziffer = Verhältnis von tatsächlicher Austrittsgeschw. i.d. Schubdüse zur theoret. Austrittsgesc i.d.Schubdüse bei adi.Exp.

ω - Nabenverhältnis $= \frac{D_a}{d_i} = \frac{\text{Außendurchmesser}}{\text{Nabendurchmesser}}$ am Verdichtereintritt (Pkt.1)

Θ - Temperaturverhältnis $= \frac{\text{Turbinen-Eintrittstemp.}}{\text{Turbinen-Austrittstemp.}}$

3. Abkürzungen

$$a = \frac{n_v - 1}{n_v} = \frac{1}{\eta_{pol.v}} \cdot \frac{\kappa_v - 1}{\kappa_v}$$

$$b = \frac{\kappa_D - 1}{\kappa_D}$$

$$d = \frac{\kappa_T - 1}{\kappa_T}$$

$$e = \frac{n_{st} - 1}{n_{st}} = \frac{1}{\eta_{pol.st}} \cdot \frac{\kappa_v - 1}{\kappa_v}$$

$$C_1 = \frac{1}{427} \cdot \frac{1}{c_{pD} \cdot T_3} \cdot \frac{1}{\eta_D} \cdot \frac{\omega_5^2}{2g}$$

$$= \quad 1 + \frac{d}{b} \cdot \frac{\eta_{adT} \cdot \rho_T^{-d} \cdot C_1}{(\theta - C_1) \cdot \theta}$$

$$= \quad 1 - \eta_{ad_T} \cdot (1 - \rho_T^{-d})$$

. Konstruktiver Aufbau und Wirkungs- ise des Propeller-Turbinen-Lader-Triebwerkes

betrachtete Gasturbinen-Triebwerk besteht aus einem Turboverdichter, er bzw. mehreren Brennkammern und einer Turbine, sowie einer unter nahme der Triebwerks-Wellenleistung zur Erzeugung des Hauptvortriebs nenden Luftschraube oder einem Axialverdichter.

mit Fluggeschwindigkeit vorne auf das Gerät strömenden Luft wird in er entsprechend ausgebildeten "Einlaufdüse" ein großer Teil ihrer ki- ischen Energie entzogen und zur Drucksteigerung vor dem Verdichter ützt. Dieser sogenannte Vorstau ist naturgemäß besonders bei großen ggeschwindigkeiten sehr beachtlich. Befindet sich das Triebwerk im nd, dann muß die Luft auf Eintrittsgeschwindigkeit beschleunigt wer- , was eine Drucksenkung gegenüber der ungestörten Atmosphäre zur Fol- hat (Staudruckverlust).

Verdichter wird die Luft um ein, als von der Höhe nicht beeinflußbar enommenes Druckverhältnis φ verdichtet und in der Brennkammer durch brennung eines eingespritzten Kraftstoffes entsprechender Menge auf e für das Turbinen-Schaufelmaterial zulässige Temperatur bei nur gerin- Druckabfall erhitzt.

meist mehrstufige Turbine treibt den Turboverdichter und über ein ersetzungsgetriebe die Luftschraube an. Das nach der Turbine bis zur ansion auf den Umgebungsdruck noch verbleibende Wärmegefälle der Ab- e wird zu ihrer Beschleunigung verwandt, so daß diese, meist unter eugung eines kleineren, sogenannten Restschubes in einer geeignet ge- lteten Düse, das Triebwerk mit der erforderlichen Geschwindigkeit der verlassen.

erhalten damit folgenden schematischen Aufbau des Triebwerkes:

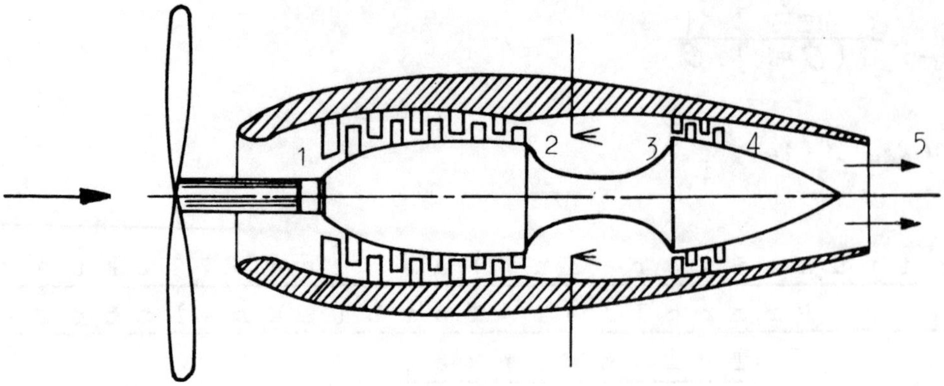

Abbildung 1

IV. Berechnungsgang

Dem vorliegenden Bericht liegt die Aufgabe zugrunde, für Propeller-Turbinen-Ladertriebwerke die nachfolgenden optimalen Kennwerte zu berechne

Gesamtwirkungsgrad, Turbinen-Leistung und spez. Kraftstoffverbrauch in Abhängigkeit von Fluggeschwindigkeit, Flughöhe und Druckverhältnis der Verdichtung, ferner den Restschub.

Insbesondere sollen die sogenannten optimalen Druckverhältnisse der Verdichtung ermittelt werden, d.h. jene Druckverhältnisse, die maximale Leistung und maximalen Wirkungsgrad ergeben.

Der Wirkungsgrad der Luftschraube soll wegen Fehlens von Versuchsunterlagen im höheren Geschwindigkeitsbereich nicht berücksichtigt werden.

Dabei sollen für die Stoffwerte des Durchsatzmediums und für die die Verluste in den Maschinen berücksichtigenden Faktoren der Praxis entsprechende Größen gefunden und in die Rechnung eingeführt werden.

Die Berechnungen gelten für die nachfolgenden Randbedingungen:

a) Eintrittsquerschnitt des Verdichters = const.
b) Einlaufgeschwindigkeit im Verdichter w_1 = const. = 100 m/sec.
c) Totale Gastemperatur vor Turbine T_3 = const. = 1100 ^{o}K
d) Spezifische Wärmen c_p, c_v und k bereichsweise konstant
e) Druckverlustverhältnis der Brennkammer = 0,03
f) Verdichterwirkungsgrad $\eta_{pol\ v}$ = 0,88
g) Turbinenwirkungsgrad $\eta_{ad\ T}$ = 0,89
h) Mechan. Verdichterwirkungsgrad η_{mV} = 0,986

Mechan. Turbinenwirkungsgrad $\eta_{mT} = 0{,}984$
Düsenwirkungsgrad $\eta_{D} = 0{,}98$
Brennkammerwirkungsgrad $\eta_{Br.} = 0{,}96$
Stauwirkungsgrad $\eta_{pol.st.} = 0{,}92$

rluste durch Undichtheiten, Wärmeübergang und Strahlung werden ihrer .tergeordneten Bedeutung entsprechend, die sie an sich nur besitzen .rfen, im Rahmen dieser Untersuchung nicht berücksichtigt.

f) und g) ist folgendes zu bemerken:

e Abhängigkeit der adiabatischen Verdichter- und Turbinenwirkungsgrade m Druckverhältnis ist bekannt (vergl. MTZ Januar 1956 S. 21).

hrend der adiabatische Turbinenwirkungsgrad $\eta_{ad.T}$ sich nur wenig mit m Druckverhältnis ändert und daher als konstant angesetzt werden kann, t der adiabatische Verdichterwirkungsgrad $\eta_{ad.V}$ in starkem Maße vom uckverhältnis abhängig. Führt man den polytropischen Verdichterwir-ngsgrad $\eta_{pol.V}$ in die Rechnung ein, so ergibt sich, daß dieser im gensatz zum adiabatischen Verdichterwirkungsgrad weitgehend vom Druck-rhältnis unabhängig ist und als konstant angesetzt werden kann.

e Nachrechnung der von ECKERT (Axialkompressoren und Radialkompresso-n 1953, S. 72) angegebenen Formel über den Zusammenhang zwischen adia-tischem und polytropem Verdichterwirkungsgrad

$$\eta_{pol.V} = \frac{\log \varphi^{\alpha}}{\log \left[1 + \frac{1}{\eta_{ad \cdot V}} \cdot (\varphi^{\alpha} - 1)\right]} \qquad \varphi = P^2/P^1 \qquad \alpha = \frac{\kappa_v - 1}{\kappa_v} = 0{,}2841$$

t versuchsmäßig ermittelten Werten des adiabatischen Verdichterwir-ngsgrades in Abhängigkeit vom Druckverhältnis ergibt, daß der polytro- Verdichterwirkungsgrad über einen weiten Bereich des Druckverhältnis-s (1 - 13) konstant bleibt, während der adiabatische Verdichterwir-ngsgrad von 0,88 auf 0,83 abfällt.

r übersichtlichen Gestaltung der Rechnung wird das Durchsatzmedium als eales Gas behandelt, jedoch werden für die spez. Wärmen usw. den Tem-ratur-Grenzen der jeweils betrachteten Zustandsänderungen entsprechen- mittlere Werte angenommen.

Im TS-Diagramm hat der Prozeß folgenden Verlauf:

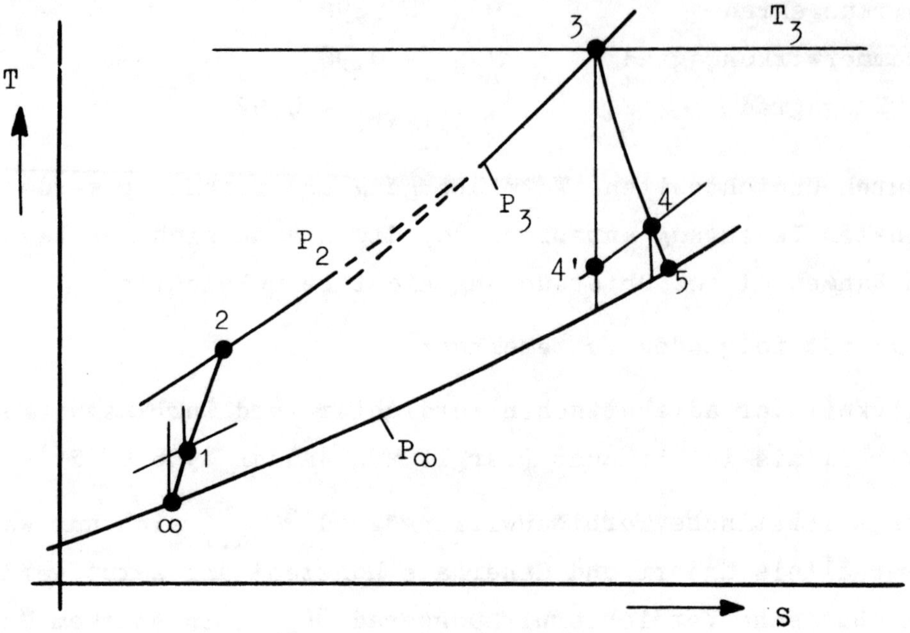

A b b i l d u n g   2

Im einzelnen ist der Berechnungsgang folgender:

a) Für vorgegebene Flughöhe h liegen die Zustandsgrößen: Temperatur T_∞, Druck P_∞, spez. Gewicht γ_∞ und spez. Dichte ρ_∞ der ruhenden Außenluft durch Annahme der INA-Bedingungen fest:

$$\left.\begin{aligned} T_\infty &= 288 - 6{,}5 \cdot h \quad {}^\circ K \\ P_\infty &= 1{,}033 \cdot \left(1 - \frac{6{,}5 \cdot h}{288}\right)^{5{,}26} \text{ ata} \end{aligned}\right\} h \leqq 11 \text{ km} \tag{1}$$

$$\left.\begin{aligned} T_\infty &= 216{,}5 \quad {}^\circ K = \text{const.} \\ P_\infty &= 1{,}033 \cdot \left(1 - \frac{6{,}5 \cdot 11}{288}\right)^{5{,}26} \cdot 10^{-\frac{h-11}{14{,}6}} \text{ ata} \end{aligned}\right\} h \geqq 11 \text{ km} \tag{2}$$

$$\gamma = \frac{P_\infty}{R \cdot T_\infty} \quad \text{kg}/\text{m}^3 \tag{3}$$

$$\rho = \frac{\gamma_\infty}{g} - \frac{\text{kg s}^2}{\text{m}^4} \tag{4}$$

Für vorgegebene Fluggeschwindigkeit w_∞ in vorgegebener Höhe h werden e Stauwerte für Temperatur T_1, Druck P_1, spez. Gewicht γ_1 und spez. chte ϱ_1 berechnet aus der Überlegung heraus, daß die für die Stauver-chtung nötige Energie der kinetischen Energie der mit der Geschwindig-it w_∞ ankommenden und auf die Geschwindigkeit w_1 am Verdichter-Ein-itt gebrachten Luft entnommen wird; für 1 kg Luft gilt:

$$L_{i_{st}} = \frac{w_\infty^2 - w_1^2}{427 \cdot 2g} \frac{Kcal}{kg} \qquad (5)^{2)}$$

t Berücksichtigung der Verluste, aber unter Annahme einer nach außen rmedichten Strömung ist nun einerseits:

$$L_{i_{st}} = i_1 - i_\infty = c_{p_v} \cdot (T_1 - T_\infty) = \frac{\kappa_v}{\kappa_v - 1} \cdot \frac{R \cdot T_\infty}{427} \cdot \left(\frac{T_1}{T_\infty} - 1\right) \frac{Kcal}{kg} \qquad (6)$$

e Arbeit für diese verlustbehaftete Verdichtung vergleicht man zu ihrer eoretischen Berechnung zweckmäßig mit der einer angenommenen verlust-sen polytropen Verdichtung $L_{pol\ St}$, die denselben Endzustand 1 er-icht. Die bei dieser polytropen Verdichtung umkehrbar zuzuführenden rme hat dabei die gleiche Größe, wie die durch die Strömungsverluste tstehende "Reibungswärme" der wirklichen Strömung.

s Verhältnis dieser beiden Arbeiten:

$$\frac{L_{pol.st}}{L_{i_{st}}} = \eta_{pol.st} \qquad (7)$$

eichnet den "polytropen Wirkungsgrad" des Vorstaues, mit dessen Ein-rung man andererseits erhält:

$$L_{i_{st}} = \frac{1}{\eta_{pol.st}} = \frac{n_{st}}{n_{st} - 1} \cdot \frac{R \cdot T_\infty}{427} \cdot \left(\frac{T_1}{T_\infty} - 1\right) \frac{Kcal}{kg} \qquad (8)$$

Da die Geschwindigkeiten w_∞ und w_1, wie auf Seite 10 angegeben, in m/sec. gemessen und eingesetzt werden sollen, muß hier der Umrechnungskoeffizient 1/427 berücksichtigt werden

Durch Gleichsetzen von (6) und (8) findet man, daß

$$e = \frac{n_{st}-1}{n_{st}} = \frac{1}{\eta_{pol.st}} \cdot \frac{\kappa_v - 1}{\kappa_v} \qquad (9)$$

ist.

Der polytrope Wirkungsgrad hängt also nur über dem Polytropenexponent n_{st} vom Druckverhältnis der Stauverdichtung

$$\frac{P1}{P\infty} = \varphi_{st} \qquad (10)$$

ab.

Solange die "Güte" des Strömungsverlaufes aber gleich gehalten werden kann, ist erfahrungsgemäß dieser Exponent am Auslegungspunkt, hier bei der Stauverdichtung, wie auch bei Turboverdichtern - unabhängig von de Höhe der dabei gelieferten, heute üblichen Druckverhältnisse - praktis gleich groß, im Gegensatz zum sogenannten adiabaten Wirkungsgrad, der das Verhältnis der um das gleiche Druckverhältnis φ_{st}, aber adiabat e folgenden Verdichtungsarbeit zur wirklichen, verlustbehafteten Verdich tungsarbeit darstellt und bei einer Verdichtung mit größerem Druckverhältnis als beim Vergleichsfall, trotz gleicher "Güte" der Strömung in beiden Fällen - d.h. nach vorigem also, trotz gleichen polytropen Wirkungsgrades - geringer ist. Zahlenmäßig konstant eingesetzte, adiabate Verdichtungswirkungsgrade liefern daher bei Vergleichsrechnungen, wie den hier durchzuführenden, unrichtige, weil mit steigendem Druckverhäl nis zu günstige Ergebnisse![3)]

Die Endtemperatur T_1 ergibt sich aus der Polytropengleichung zu:

$$\frac{T_1}{T\infty} = \varphi_{st}^{\frac{n_{st}-1}{n_{st}}} = \varphi_{st}^{e} \qquad (11)$$

3. E. SCHULZ: Turbokompressoren u. Turbogebläse, Springer-Verlag, Berlin 1931, S. 19-21

tzen wir (5) = (6), dann wird unter Beachtung von (11) oder nach f_{St} fgelöst:

$$\frac{w^2_\infty - w_1^2}{2g} = \frac{\kappa_v}{\kappa_{v-1}} \cdot R \cdot T_\infty \, (f_{st}^{e} - 1) \qquad (12)$$

$$f_{st}^{e} = 1 + \frac{\kappa_v - 1}{\kappa_v} \cdot \frac{1}{R \cdot T_\infty} \cdot \frac{w_\infty^2 - w_1^2}{2g}$$

nach der Größe von w_∞ im Vergleich zu w_1 ergibt sich $f_{St} > 1$ oder 1, d.h. es tritt eine Stauverdichtung oder ein Staudruckabfall ein.

t (11) und (12) erhält man schließlich aus (3):

$$\gamma_1 = \gamma_\infty \cdot \frac{T_\infty}{T_1} \cdot f_{st} = \gamma_\infty \cdot f_{st}^{1-e} \qquad (3a)$$

d in gleicher Weise aus (4):

$$\rho_1 = \rho_\infty \cdot \frac{T_\infty}{T_1} \cdot f_{st} = \rho_\infty \cdot f_{st}^{1-e} \qquad (4a)$$

Zur Errechnung der Verdichterarbeit für ein bestimmtes Druckverhält-
s und zur Bestimmung der Zustandsgrößen am Ende des Verdichters bedie-
n wir uns wieder des Vergleichs mit einer angenommenen verlustlosen
lytrope mit gleichem Endzustand:

nächst ist:

$$L_{ev} = \frac{1}{\eta_{mv}} \cdot L_{iv} \qquad (13)$$

t η_{mV} als mechanischem Wirkungsgrad des Verdichterteiles. Die innere
rdichterarbeit von G_V kg Luft ergibt sich aus:

$$L_{iv} = J_2 - J_1 = G_v \cdot c_{pv} \cdot \left(\frac{T_2}{T_1} - 1\right) = \frac{\kappa_v}{\kappa_v - 1} \cdot \frac{G_v \cdot R \cdot T_1}{427} \cdot \left(\frac{T_2}{T_1} - 1\right) \qquad (14)$$

er aus der Polytrope mit demselben Endpunkt 2:

$$L_{iv} = \frac{L_{pol.v}}{\eta_{pol\ v}} = \frac{1}{\eta_{pol.v}} \cdot \frac{n_v}{n_v - 1} \cdot \frac{G_v \cdot R \cdot T_1}{427} \cdot \left(\frac{T_2}{T_1} - 1\right) \qquad (15)$$

Durch Vergleich folgt aus (14) und (15):

$$a = \frac{n_v - 1}{n_v} = \frac{1}{\eta_{pol.v}} \cdot \frac{\kappa_v - 1}{\kappa_v} \qquad (16)$$

Nach der Polytropengleichung ist weiter, mit $\frac{p_2}{p_1} = \rho$

$$\frac{T_2}{T_1} = \rho^a$$

Das führt mit (14) in (13) eingesetzt, auf:

$$L_{ev} = \frac{1}{\eta_{m_v}} \cdot G_v \cdot c_{pv} \cdot T_1 \cdot (\rho^a - 1) \quad \text{kcal} \qquad (17)$$

d) Für die Turbine gilt, mit $\eta_{m\ T}$ als mechanischem Wirkungsgrad des T-binenteiles:

$$L_{eT} = \eta_{m\ T} \cdot L_{iT} \qquad (18)$$

Dabei ist die innere Turbinenarbeit bei der Expansion von G_T kg Abgas:

$$L_{iT} = J_3 - J_{4_o} = G_T \cdot c_{p_t} \cdot (T_3 - T_{4_o}) \text{ kcal} \qquad (19)$$

Dabei bedeutet T_3 die sogenannte "totale oder Ruhe Temperatur", d.h. die Temperatur, die die von der Brennkammer kommenden heißen Gase im Mittel vor den Düsen der Turbine, also vor Beginn der Expansion aufweisen. Gemäß[4] Seite 67 ist die totale Temperatur - jene Temperatur, die bei Versuchen im allgemeinen gemessen wird - größer als die Temperatur der strömenden Gasmenge um einen Betrag, der dem Temp.-Äquivalent der Geschwindigkeit des Gases entspricht. T_{40} ist die mittlere totale Temperatur der Abgase beim Verlassen der letzten Stufe unter Berücksichtigung der in Wärme verwandelten Verluste bei der Expansion.

4. KRUSCHIK, J. Die Gasturbine, Springer-Verlag, Wien 1952

dererseits ist, wenn wir entsprechend der allgemeinen Gepflogenheit, e Turbinenarbeit L_{iT} mit der Arbeit L_{adT} der verlustlosen Adiabate ischen den gleichen Drücken vergleichen:

$$\eta_{adT} = \frac{L_{iT}}{L_{adT}} \tag{20}$$

so

$$L_{iT} = G_T \cdot \eta_{adT} \cdot c_{p_T} \cdot (T_3 - T_{4'}) \quad \text{kcal}$$

bei bedeutet $T_{4'}$ die theoretische Temperatur nach einer adiabat ange-mmenen Expansion vom Zustand 3 um das in der Turbine verarbeitete Ex-nsionsdruckverhältnis $\varphi_T = {}^{p}3/p_4$.

1. Bemerkung

lgerichtig müßte man auch die Turbinenarbeit auf eine gedachte Poly-ope mit gleichem Endpunkt beziehen, wie wir das beim Verdichter ge-cht haben. Dies hat sich aber bis jetzt nicht eingebürgert. Erstens mmt der oben definierte adiabate Wirkungsgrad in Wirklichkeit nicht dem Maße zu, wie es sich bei Annahme eines konstanten polytropen Wir-ngsgrades - in umgekehrter Analogie zu den Überlegungen auf Seite 14 eses Berichtes bezüglich der Verdichtungswirkungsgrade - theoretisch geben würde. Zweitens - und dies dürfte der Hauptgrund für die Beibe-ltung dieses adiabaten Wirkungsgrades zur Kennzeichnung der Turbinen itens der Herstellerfirmen sein - ist für ein und dieselbe Maschine e Zahl, die den adiabaten Wirkungsgrad angibt, im allgemeinen größer s die, welche den entsprechenden polytropen Wirkungsgrad derselben schine kennzeichnet, was vom psychologischen Standpunkt, insbesondere cht-Thermodynamikern gegenüber, als günstiger anzusehen ist. Bei den rdichtern ist das bekanntlich umgekehrt, und dort hat der polytrope, n Verdichtungsverhältnis praktisch unabhängige Wirkungsgrad rascher ngang gefunden.

ll man übrigens auch den Turbinenwirkungsgrad auf eine Vergleichspoly-ope beziehen, so braucht man in der Formel (20) und allen folgenden r $\eta_{ad\,T} = 1$ zu setzen und faßt dann

$$d = \frac{\kappa_T - 1}{\kappa_T} \qquad (21)$$

einfach als Funktion des polytropen Exponenten n_T auf mit der neuen Bedeutung:

$$\alpha = \frac{n_T - 1}{n_t} = \eta_{pol.T} \cdot \frac{\kappa_T - 1}{\kappa_T} \qquad (22)$$

Fahren wir nun im Anschluß an die vorige Seite mit der Untersuchung der Expansion fort, so finden wir für die Endtemperatur T_4' der adiabaten Expansion unter Berücksichtigung der Abkürzung (21)

$$\frac{T_3}{T_4'} = \left(\frac{P_3}{P_4'}\right)^{\frac{\kappa_T - 1}{\kappa}} = \rho_T^{\,d} \qquad (23)$$

(23) und (20) ergeben zusammen mit (18) die eff. Turbinenarbeit von G_T kg Abgas:

$$L_{et} = G_T \cdot \eta_{m\,T} \cdot \eta_{ad \cdot T} \cdot c_{p_T} \cdot T_3 \cdot (1 - \rho_T^{\,d}) \qquad (24)$$

Dabei ist der Zahlenwert von $\eta_{ad\ T}$ so zu wählen, daß die in der Turbi selbst nicht mehr zur Ausnutzung kommende Strömungsenergie der austretenden Gase als Austrittsverlust berücksichtigt ist.

Die gegenüber der Temperatur T_4 der ausströmenden Gasmenge um das Temperatur-Äquivalent der Austrittsenergie erhöhte totale oder "Ruhe-Temperatur" T_{4o} nach der verlustbehafteten Expansion ergibt sich durch Einsetzen von (23) in (20) und Gleichsetzen der so erhaltenen Gleichung mit (19):

$$T_{4o} = T_3 \left(1 - \eta_{adT} \cdot (1 - \rho_T^{\,-d}\right) \quad {}^{o}K \qquad (25)$$

Es ergibt sich folgendes Temperaturverhältnis:

$$\frac{T_{4o}}{T_3} = \Theta = 1 - \eta_{ad\ T} \cdot (1 - \rho_T^{\,-d}) \qquad (26)$$

Die Betriebsbedingung für das Triebwerk ist gegeben durch die Tatsa-
e, daß die eff. Turbinenarbeit $L_{e\,T}$ zur Deckung der eff. Verdichter-
istung $L_{e\,V}$ und der an den Propeller abzuführenden Leistung L_{Po} ver-
ndet wird, d.h.

$$L_{e\,T} = L_{e\,V} + L_{Po} \qquad (27)$$

tzen wir jetzt (24) und (17) in (27), so ergibt sich:

$$G_T \cdot \gamma_{m\,T} \cdot \gamma_{ad\,T} \cdot c_{p_T} \cdot T_3 \cdot (1 - \rho_T^{-d}) = G_v \cdot \frac{c_{p_v} \cdot T_1}{\gamma_{m\,v}} \cdot (\rho - 1) + L_{Po}$$

er aufgelöst nach $L_{p\,o}$:

$$\qquad (28)$$

$$ = G_T \cdot \gamma_{m\,T} \cdot \gamma_{ad\,T} \cdot c_{p_T} \cdot T_3 \cdot (1 - \rho_T^{-d}) - G_v \cdot \frac{c_{p_v} \cdot T_1}{\gamma_{m\,v}} (\rho^{a} - 1) \; kcal$$

Das in dieser Gleichung vorkommende Expansionsverhältnis ρ_T ist aber
cht mehr frei wählbar, sondern ist unter Beachtung des Druckverhält-
sses der Verdichtung ρ, des Vorstaudruckverhältnisses $\rho_{st.}$ und des
ckabfalles in der Brennkammer $\Delta_{P_B} = P_2 - P_1$ so zu wählen, daß die Ab-
se das Triebwerk mit der vorgegebenen Geschwindigkeit w_5 verlassen,
ren untere Grenze gegeben ist durch die Bedingung, daß kein negativer
ub auftreten darf.

eichnen m'_l bzw. m'_b den sekundlichen Durchsatz an Luft bzw. dazuge-
igem Kraftstoff, dann liefert die bekannte Schubgleichung für den so-
annten "Restschub":

$$S = (m'_l + m'_b) \cdot w_5 - m'_l \cdot w_\infty \quad K_P \qquad (29)$$

der Forderung $S = 0$ die gesuchte Mindestgröße von w_5.

e weitere Grenze für w_5 kann in gewissem Sinn gegeben sein durch die
den Austritt der Gase erforderliche Querschnittsfläche F_5 und ihr
ässiges Verhältnis zum Gesamtquerschnitt des Triebwerks am Verdichter-
tritt F_o, das z.B. bezeichnet sei mit:

$$\xi = \frac{F_o}{F_5}$$

aus:

$$\frac{w_5 \cdot F_5}{V_5} = \frac{w_1 \cdot F_1}{V_1}$$

und dem Nabenverhältnis ω des Verdichters am Eintritt:

$$\omega = \frac{da}{di} \sim \frac{F_o}{F_o - F_1}$$

ergibt sich dann:

$$w_5 = w_1 \cdot \xi \cdot \frac{\omega - 1}{\omega} \cdot \frac{V_5}{V_1}$$

oder wegen der Gleichheit von P_5 und P_∞ und unter der Annahme $R_5 \sim R = R_{Luft}$:

$$W_5 = w_1 \cdot \xi \cdot \frac{\omega - 1}{\omega} \cdot \rho_{st} \cdot \frac{T_5}{T_1} \cdot \frac{m'_l + m'_b}{m'_l}$$

Für unsere Untersuchungen wurde W_5 in folgender Weise vorgeschrieben:

$$w_5 = W \quad \text{für} \quad 0 \leqq w_\infty \leq W$$
$$w_5 = W \quad \text{"} \quad w_\infty \geq W \qquad (30)$$

Nennen wir das Quadrat der Geschwindigkeitsziffer

$$\psi = \frac{\text{wirkliche Geschwindigkeit}}{\text{theoretische Geschwindigkeit}} = \frac{w_5}{w'_5}$$

den "Düsenwirkungsgrad": $\eta_D = \psi^2$

so lautet die Düsengleichung:

$$\frac{1}{427} \cdot \frac{w_5^2}{2g} = \eta_D \cdot (i_{4o} - i_5') \qquad (31)$$

tzen wir zur Abkürzung:

$$b = \frac{K_D - 1}{K_D} \qquad (32)$$

ist die für die Berechnung von i_5' benötigte Temperatur T_5' gegeben rch die Adiabatengleichung:

$$\frac{T_{4o}}{T_5'} = \left(\frac{P_4}{P_5}\right)^{\frac{K_D - 1}{K_D}} = \left(\frac{P_4}{P_\infty}\right)^b = \left(\frac{P_4}{P_3} \cdot \frac{P_3}{P_2} \cdot \frac{P_2}{P_1} \cdot \frac{P_1}{P_\infty}\right)^b$$

$$\frac{T_{4o}}{T_5'} = \left(\frac{1}{\rho_T} \cdot \frac{P_2 - \Delta P_3}{P_2} \cdot \rho \cdot \rho_{st}\right)^b$$

t der Definition des Druckverlustverhältnisses in der Brennkammer rch:

$$\frac{P_2 - \Delta P_3}{P_2} = 1 - \frac{\Delta P_3}{P_2} = 1 - \delta$$

rd dann:

$$\frac{T_{4o}}{T_5'} = \left(\frac{\rho \cdot \rho_{st} \cdot (1 - \delta)}{\rho_T}\right)^b \qquad (33)$$

r finden also eine Bestimmungsgleichung für ρ_T, wenn wir unter Benüt- ng von (33) Gleichung (31) wie folgt umschreiben:

$$\frac{1}{427} \cdot \frac{1}{c_{P_D}} \cdot \frac{1}{\gamma_D} \cdot \frac{w_5^2}{2g} = T_{4o} \cdot \left(1 - \frac{T_5'}{T_{4o}}\right)$$

er unter Benützung von (26)

$$\frac{1}{427} \cdot \frac{1}{c_{P_D} \cdot T_3} \cdot \frac{1}{\gamma_D} \cdot \frac{w_5^2}{2g} = \Theta \cdot \left(1 - \left(\frac{\rho_T}{\rho \cdot \rho_{st}(1-\delta)}\right)^b\right) \qquad (34)$$

Die Lösung der in φ_T impliziten Gleichung (34) erfolgt im Einzelfall am besten grafisch dadurch, daß wir die beiden Kurven:

$$c_1 = \frac{1}{427} \cdot \frac{1}{c_{p_D} \cdot T_3} \cdot \frac{1}{\gamma_D} \cdot \frac{w_5^2}{2g} \tag{35}$$

und

$$c_2 = \Theta \left(1 - \left(\frac{\varphi_T}{\varphi \cdot \varphi_{st} \cdot (1 - \delta)} \right)^b \right)$$

über φ_T auftragen. C_1 ist dabei, wenn die Größe von w_5 fest angenommen ist, eine Gerade.

Der Schnittpunkt der beiden Kurven liefert das gesuchte Expansionsdruckverhältnis φ_T.

Bei umfassenderen Untersuchungen über das Verhalten solcher Triebwerke in Abhängigkeit von φ, wie in unserem Fall, kann man aber auch die ganze Gleichung (34) nach φ auflösen und dieses in Abhängigkeit von einem dann frei wählbaren φ_T bestimmen:

$$\varphi = \frac{1}{\varphi_{st} \cdot (1 - \delta)} \cdot \varphi_T \cdot \left(\frac{\Theta}{\Theta - c_1} \right)^{1/b} \tag{36}$$

g) Der Durchsatz durch das Triebwerk ist, um gute Vergleichsmöglichkeiten zu haben, zweckmäßigerweise so festzulegen, daß er mit Zustand und Geschwindigkeit auf einen Querschnitt bezogen ist, in dem bei allen zu Vergleichszwecken untersuchten Fällen gleiche Axialgeschwindigkeit herrscht. Auf diese Weise erhält man dann für gleiche Durchsätze ungefähr gleiche Stirnwiderstände der verglichenen Triebwerke. Wir nehmen hier als Bezugsquerschnitt die Verdichtereintrittsfläche F_1, da zur Erzielung gleicher Verdichter-Wirkungsgrade möglichst gleiche Geschwindikeitsdreiecke angestrebt werden. Wegen der im allgemeinen ungefähr gleichen Drehzahlbereiche werden dann bei Gleichheit der Verdichtereintrittgeschwindigkeit w_1 auch deren Axialkomponenten ungefähr gleich.

Wir beziehen also den sekundlichen Luftdurchsatz auf die Volumeneinheit und setzen:

$$m'_l = \frac{\gamma_1}{g} = \rho_1 \quad \frac{kg\, s^2}{4} \cdot \frac{1}{s} \tag{37}$$

Der auf diesen Durchsatz bezogene, zur Erwärmung des Arbeitsmediums f T_3 erforderliche Kraftstoffzusatz ergibt sich aus dem 1. Hauptsatz f die praktisch bei konstantem Druck erfolgende Zustandsänderung 2-3 gewandt:

$$m'_b \cdot \eta_{Br} \cdot (i_B + E) + \rho_1 \cdot i_2 = (\rho_1 + m'_b) \cdot i_3$$

guter Näherung kann man darin für die Summe aus der chemischen Energie und dem Wärmeinhalt von 1 kg Kraftstoff $i_B + E$ den Heizwert bei konantem Druck H einsetzen. η_{Br} bedeutet den Ausbrandgrad, auch Brennmmerwirkungsgrad genannt, das Verhältnis der tatsächlich bei der Verennung frei werdenden Wärme zur theoretisch laut unterem Heizwert bei llkommener Verbrennung zur Verfügung stehenden Wärme.

e Auflösung nach m'_b liefert, da wir die Abgase wieder als ideales Gas trachten und wegen $T_2 = T_1 \cdot \varphi^a$

$$m'_b = \rho_1 \cdot \frac{c_{p\,T} \cdot T_3 - c_{p\,V} \cdot T_1 \cdot \varphi^a}{\eta_{Br} \cdot H - c_{p\,T} \cdot T_3} \qquad \frac{\frac{kg\ s^2}{m}\ \text{Kraftstoff}}{s \cdot m^3\ \text{Luftdurchsatz bei Zustand 1}} \tag{38}$$

i der ganzen Untersuchung wird für T_3 ein konstanter Wert eingesetzt, r der Wärmefestigkeit des heute zur Verfügung stehenden Turbinenschau-lmaterials entspricht.

ch (37) ist ferner:

$$G_v = g \cdot m'_l = \gamma_1 \quad kg/m^3 \tag{39}$$

d aus (38) folgt für G_T: $G_T = g \cdot (m'_l + m'_b)$

$$G_T = \gamma_1 \cdot \frac{\eta_{Br} \cdot H - c_{p\,V} \cdot T_1 \cdot \varphi^a}{\eta_{Br} \cdot H - c_{p\,T} \cdot T_3}\ kg/m^3 \tag{40}$$

Aus (29) folgt mit Benützung von (37) und (38) für den Restschub:

$$S = \rho_1 \cdot \frac{\eta_{Br} \cdot H - c_{p\,V} \cdot T_1 \cdot \varphi^a}{\eta_{Br} \cdot H - c_{p\,T} \cdot T_3} \cdot w_5 - \rho_1 \cdot w_\infty \tag{41}$$

j) Die Gesamtleistung des Triebwerkes endlich erhalten wir mit den von uns bei den einzelnen Größen benutzten Maßeinheiten zu:

$$N = \frac{S\left[\frac{KP}{m^3}\right] \cdot w_\infty\left[\frac{m}{s}\right] + L_{Po}\left[\frac{kcal}{m^3 \cdot s}\right] \cdot 427\left[\frac{mkg}{kcal}\right]}{75\left[\frac{mkg}{s\ PS}\right]} \quad \frac{PS}{m^3} \tag{42}$$

k) Für den auf die Leistungseinheit bezogenen Kraftstoffverbrauch ergibt sich:

$$\frac{B}{N} = \frac{m'_b\left[\frac{kg \cdot s^2}{m^4 \cdot s}\right] \cdot g\left[\frac{m}{s^2}\right] \cdot 3600\left[\frac{s}{h}\right]}{N\ \left[PS/m^3\right]} \ kg/PSh \tag{43}$$

l) Den Gesamtwirkungsgrad erhalten wir aus:

$$\eta_{ges} = \frac{N\ \left[PS/m^3\right] \cdot 632\left[\frac{kcal}{PSh}\right]}{m'_b\left[\frac{kg \cdot s^2}{m^4 \cdot s}\right] \cdot g\left[\frac{m}{s^2}\right] \cdot 3600\left[\frac{s}{h}\right] \cdot H\left[\frac{kcal}{kg\ Kraftstoff}\right]} \tag{44}$$

m) In Anbetracht der Tatsache, daß es sich um Flugzeugtriebwerke hande war ursprünglich auch daran gedacht, das Leistungsgewicht kg/PS/m^3 in Abhängigkeit vom Druckverhältnis der Verdichtung ρ einer Untersuchung zu unterziehen. Denn es ist ohne weiteres denkbar, daß in einem bestim ten Fall eine größere Verdichtung z.B. zwar eine größere Leistung gibt aber auch ein größeres Leistungsgewicht verlangt, womit der Vorteil wi der aufgewogen oder gar ins Gegenteil verkehrt sein kann.

Aus den heute bekannten Daten über ausgeführte PTL-Triebwerke ist es leider nicht möglich, eine Beziehung zwischen dem Leistungsgewicht und dem verwendeten Verdichtungsverhältnis zu finden. Abgesehen davon, daß auch die Bauart (radialeoder axiale Verdichtung) eine gewisse Rolle spielt, verwischt hier insbesondere der ebenfalls nicht genau bestimmbare Einfluß der Größe des Durchsatzvolumens die Abhängigkeit vollends Die größeren und meist mit größerem ρ ausgelegten Triebwerke haben im allgemeinen auch ein größeres Durchsatzvolumen, das bekanntlich von vo herein das Leistungsgewicht verkleinert.

nerhin sei hiermit auf diesen für die Entscheidung über die Auslegung nes beweglichen Triebwerkes nicht unwesentlichen Punkt des Leistungs- richts hingewiesen.

Die Auftragung der aus den Gleichungen der Abschnitte j) mit l) er- chneten Werte über dem Verdichtungsdruckverhältnis ρ, über die im nzelnen später noch zu reden sein wird, zeigt, daß N und η_{ges} mit chsendem ρ zunächst ebenfalls ansteigen und nach Überschreiten eines wissen Höchstwertes, entsprechend einem $\rho_{opt.}$ wieder abnehmen. B/N mt entsprechend zuerst ab und dann wieder zu.

folgenden Rechnungen befassen sich nun mit der Aufstellung von For- n zur Bestimmung dieser optimalen Druckverhältnisse ρ_{opt}, deren Kennt- für die praktische Auslegung der Triebwerke von einiger Bedeutung zu n scheint. Sie ermöglichen nämlich für viele Fragen einen schnellen gleich der Prozesse und ihr Verhalten bei Vorgabe unterschiedlicher ameter (Geschwindigkeit, Höhe, Wirkungsgrade usw.). Zur endgültigen rteilung wird man allerdings auch den Kurvenverlauf selbst mindestens der Nähe der nun bekannten Optimalwerte kurz untersuchen, da die mmung der Kurven am Maximum beträchtliche Unterschiede bei den ein- nen Kurven aufweisen, was für das regeltechnische Verhalten der je- ls danach ausgelegten Triebwerke sehr wichtig ist.

Bestimmung des für die Leistung optimalen Druckverhältnisses: $\rho_{opt - N}$

gehen aus von (42):

Bedingung für das Max. ist: $\frac{dN}{d\rho} = 0$,
ei sind sämtliche Größen nach ρ zu differenzieren, die Funktionen ρ sind:

erhalten also mit (27):

$$\frac{dN}{d\rho} = \frac{ds}{d\rho} \cdot \omega_\infty + 427 \cdot \left(\frac{dL_{e\,T}}{d\rho} - \frac{dL_{e\,V}}{d\rho}\right) = 0 \qquad (45)$$

ist nun nach (41):

$$\frac{d\,S}{d\,\rho} = w_5 \cdot \varsigma_1 \cdot \frac{-c_{p\,V} \cdot T_1 \cdot a \cdot \rho^{a-1}}{\eta_{Br} \cdot H - c_{p\,T} \cdot T_3} \qquad (46)$$

Aus (24) folgt mit (39) und (40):

$$\frac{d\,L_{e\,T}}{d\,\rho} = \gamma_{mT}\cdot\gamma_{ad\;T}\cdot c_{p\;T}\cdot T_3\cdot g\left[(m' + m'_b)\cdot d\cdot\rho_T^{-d-1}\cdot\frac{d\,\rho_T}{d\,\rho} + \frac{dm'_b}{d\,\rho}\cdot(1-\rho_T^{-d})\right] \quad (47)$$

Allgemein gilt:

$$\frac{d\rho_T}{\rho} = \frac{1}{\frac{d\,\rho}{d\rho_T}}$$

Aus (36) finden wir:

$$\frac{d\,\rho}{d\rho_T} = \frac{\rho}{\rho_T} + \frac{\rho_T\left(\frac{\theta}{\theta - C_1}\right)^{1/b-1}}{b\cdot\rho_{st}\cdot(1-\delta)}\cdot\frac{-\gamma_{ad_T}\cdot d\cdot\rho_T^{-d-1}\cdot(\theta - C_1) + \theta\cdot\gamma_{ad\;T}\cdot d\,\rho_T^{-d-1}}{(\theta - C_1)^2}$$

$$\frac{d\,\rho}{d\rho_T} = \frac{\rho}{\rho_T} + \frac{\rho}{b}\cdot\frac{\theta - C_1}{\theta}\cdot\frac{\gamma_{ad_T}\cdot d\cdot\rho_T^{-d-1}\cdot C_1}{(\theta - C_1)^2} = \frac{\rho}{\rho_T} + \frac{\rho}{b}\cdot\frac{\gamma_{ad_T}\cdot d\cdot\rho_T^{-d-1}\cdot C_1}{(\theta - C_1)\cdot\theta}$$

Setzen wir:

$$B = 1 + \frac{d}{b}\cdot\frac{\gamma_{ad_T}\cdot\rho_T^{-d}\cdot C_1}{\theta\cdot(\theta - C_1)}$$

dann also ist:

$$\frac{d\,\rho}{d\rho_T} = \frac{\rho}{\rho_T}\cdot B$$

und somit:

$$\frac{d\rho_T}{d\,\rho} = \frac{\rho_T}{\rho}\cdot\frac{1}{B} \quad (48)$$

Aus (17) folgt mit (39) ferner:

$$\frac{dL_{e\,v}}{d\rho} = g\cdot\rho_1\cdot\frac{c_{p\,v}\cdot T_1}{\gamma_{m\,V}}\cdot a\cdot\rho^{a-1} \qquad (49)$$

usammengefaßt und in (45) eingesetzt, erhalten wir nach Multiplikation t: $\frac{\gamma_{m\,V}}{\rho_1}\cdot\frac{1}{g}\cdot\frac{1}{427}$

$$= \frac{\gamma_{m\,V}\cdot c_{p\,V}\cdot T_1\cdot a\cdot\rho^{a-1}}{\gamma_{Br}\cdot H \quad c_{p\,T}\cdot T_3}\cdot\left[\frac{w_5\cdot w_\infty}{427\cdot g} + \gamma_{m_T}\cdot\gamma_{ad\,T}\cdot c_{p\,T}\cdot T_3\cdot\left(1-\rho_1^{-d}\right)\right] +$$

$$+ c_{p\,V}\cdot T_1\cdot a\cdot\rho^{a-1}\,\gamma_{m\,V}\cdot\gamma_{m\,T}\cdot\gamma_{ad_T}\cdot c_{p\,T}\cdot T_3\cdot\left(m'_l + m'_b\right)\cdot\frac{d}{\rho_T^{\,d}\cdot\rho\cdot B} = 0$$

er noch weiter vereinfacht durch Kürzen mit $c_{p\,v}\cdot T_1\cdot a\cdot\rho^{a-1}$

$$1 + \frac{\gamma_{m\,V}}{\gamma_{Br}\cdot H - c_{p\,T}\cdot T_3}\cdot\left[\frac{w_5\cdot w_\infty}{427\cdot g} + \gamma_{m\,T}\cdot\gamma_{ad_T}\cdot c_{p\,T}\cdot T_3\left(1-\rho_T^{-d}\right)\right] - \qquad (50)$$

$$\frac{1}{B}\cdot\frac{d}{a}\cdot\frac{c_{p\,T}}{c_{p\,V}}\cdot\gamma_{m\,V}\cdot\gamma_{m\,T}\cdot\gamma_{ad_T}\cdot T_3\cdot\frac{\gamma_{Br}\cdot H - c_{p\,V}\cdot T_1\cdot\rho^a}{\gamma_{Br}\cdot H - c_{p\,T}\cdot T_3}\cdot\frac{1}{T_1\cdot\rho^a\cdot\rho_T^{\,d}} = 0$$

i der Lösung dieser Gleichung geht man am besten so vor, daß man zu-chst ρ_T annimmt, mittels (36) ρ berechnet und dann den Wert der li. eichungsseite von (50) berechnet.

es ist für mehrere ρ_T-Werte zu wiederholen, der sich ergebende Wert r Gleichung (50) über dem zugehörigen ρ_T aufzutragen, und so der hnittpunkt der dadurch gegebenen Kurve mit der Abszisse, der das rich-ge $\rho_{T\,opt.}$ liefert, zu bestimmen.

rch Einsetzen der zusammengehörigen ρ und ρ_T-Werte in (42) erhalten r unter Benützung von (28), (39), (40) und (41) den Betrag für die istung.

ne erste Näherungslösung für $\rho_{Topt.}$ kann man übrigens aus (45) da-rch ableiten, daß man den Einfluß der Änderung des Restschubes S und der Kraftstoffmasse m'_b bei Änderung von φ vernachlässigt. Man erhält aus (47) und (49) mit (37):

$$\eta_{mT} \cdot \eta_{ad\ T} \cdot c_{p\ T} \cdot T_3 \cdot g \cdot (m'_l + m'_b) \cdot d \cdot \varphi_T^{-d-1} \cdot \frac{d\varphi_T}{d\varphi} - g \cdot m'_l \frac{\cdot c_{pv} \cdot T_1}{\eta_{m\ v}} \cdot a \cdot \varphi^{a-1} =$$

daraus folgt mit (48) und (36):

$$\left[\varphi_{st} \cdot (1 - \delta_B)\right]^a \cdot (1 - \frac{m'_b}{m'_l}) \cdot \eta_{m\ v} \cdot \eta_{m\ T} \cdot \eta_{ad\ T} \cdot \frac{c_{p\ T} \cdot T_3}{c_{p\ V} \cdot T_1} \cdot \frac{d}{a} =$$

$$= (\varphi_T^d + \frac{d}{b} \cdot \frac{\eta_{ad\ T} \cdot C_1}{\theta \cdot (\theta - C_1)} \cdot \varphi_T^a \cdot (\frac{\theta}{\theta - C_1})^{a/b} \qquad (51)$$

Darin ist nur noch φ_T enthalten, dessen Zahlenwert auf grafischem Weg in bekannter Weise leicht zu bestimmen ist. Aus (36) ergibt sich dann mit dem ermittelten φ_T-Wert die Größe von φ.

p) Bestimmung des für den Wirkungsgrad bzw. Kraftstoffverbrauch B/N optimalen Druckverhältnisses $\varphi_{opt-\eta}$:

Wir gehen aus von (44):

Die Bedingung für das Max. : $\frac{d\eta_{ges}}{d\varphi} = 0$ führt dann auf:

$$\frac{d\eta_{ges}}{d\varphi} = \frac{dN}{d\varphi} \cdot m'_b - N \cdot \frac{dm'_b}{d\varphi} = 0$$

Benützen wir die bereits abgeleiteten Beziehungen für (45): (47), (49) und ihre Zusammenfassung in (50): mit der Abkürzung:

$$B = 1 + \frac{d}{b} \cdot \frac{\eta_{ad_T} \cdot \varphi_T^{-d} \cdot C_1}{\theta \cdot (\theta - C_1)}$$

so erhalten wir:

$$1 + \frac{\eta_{m\ v}}{\eta_{Br} \cdot H - c_{p\ T} \cdot T_3} \cdot \left[\frac{w_5 \cdot w_\infty}{427 \cdot g} + \eta_{m\ T} \cdot \eta_{ad_T} \cdot c_{pT} \cdot T_3 \cdot (1 - \varphi_T^{-d})\right] -$$

$$\frac{1}{B}\cdot\frac{d}{a}\cdot\frac{c_{PT}}{c_{pV}}\cdot\gamma_{m\,v}\cdot\gamma_{m\,T}\cdot\gamma_{ad_T}\cdot T_3\cdot\frac{\gamma_{Br}\cdot H-c_{pV}\cdot T_1\cdot\rho^a}{\gamma_{Br}\cdot H-c_{pT}\cdot T_3}\cdot\frac{1}{T_1\cdot\rho^a\cdot\rho_T^{\,d}}=\frac{\eta_{m\,v}\cdot N\cdot\frac{1}{427}}{g\cdot m'_b(\gamma_{Br}\cdot H-c_{pT}T_3)}$$

t (38) und (42) läßt sich die rechte Gleichungsseite weiter vereinfa-
en, so daß man schließlich als Bedingungsgleichung für $\rho_{T\,opt.}$ erhält:

$$1+\frac{\gamma_{m\,v}}{\gamma_{Br}\cdot H-c_{pT}\cdot T_3}\cdot\left[\frac{w_5\cdot w_\infty}{427\cdot g}+\gamma_{m\,T}\cdot\gamma_{ad_T}\cdot c_{pT}\cdot T_3\,\left(1-\rho_T^{-d}\right)\right]-$$

$$\frac{d}{a}\cdot\frac{c_{PT}}{c_{pV}}\cdot\gamma_{mv}\cdot\gamma_{mT}\cdot\gamma_{ad_T}\cdot T_3\cdot\frac{\gamma_{Br}\cdot H-c_{pv}\cdot T_1\cdot T_1\cdot\rho^a}{\gamma_{Br}\cdot H-c_{pT}\cdot T_3}\cdot\frac{1}{T_1\cdot\rho^a\cdot\rho_T^{\,d}}=\frac{\eta_{mv}\left(\frac{S\cdot w_\infty}{427\,\gamma_1}+\frac{L_{Po}}{\gamma_1}\right)}{c_{PT}\cdot T_3-c_{pv}\cdot T_1\cdot\rho^a}\qquad(52)$$

Lösung dieser in ρ_T impliziten Gleichung erfolgt zweckmäßig in ana-
er Weise, wie bei (50) beschrieben. Auch hier kann man wieder eine
fache Näherungsformel aufstellen, wenn man zunächst $\frac{ds}{d\rho}=0$ und
$\frac{b}{} = 0$ setzt.

$$\frac{}{v}\cdot\left(c_{pT}\cdot T_3-c_{pv}\cdot T_1\cdot\rho^a\right)\cdot\left\{1-\gamma_{mv}\cdot\gamma_{mT}\cdot\gamma_{ad_T}\cdot\left(1+\frac{m'_b}{m'_l}\right)\cdot\frac{d}{a}\cdot\frac{c_{PT}\cdot T_3}{c_{Pv}\cdot T_1}\cdot\frac{1}{\rho^a}\cdot\frac{1}{\varphi_T^{\,d+\frac{d}{b}}\cdot\eta_{adT}\cdot\frac{c_1}{\Theta\cdot(\Theta-c_1)}}\right\}=L_{Po}+\frac{w_\infty}{427}\cdot S$$

. Literatur, Annahmen, Stoffwerte und Wirkungsgrade

.: 1) SCHMIDT, E. Einführung in die Technische Thermodynamik, 4.Auflage 1950, Springer-Verlag, Berlin-Heidelberg

2) KRUSCHIK, J. Die Gasturbine, Springer-Wien, 1952

Die Geschwindigkeit am Verdichtereinlauf wird für die ganze Untersu-
ng konstant mit w_1 = 100 m/s entsprechend den in der Praxis vorkommen-
Werten gewählt.

b) Die Geschwindigkeit am Düsenaustritt w_5 wurde, wie folgt festgelegt

$$w_5 = 300 \text{ m/s} \quad \text{für} \quad 0 \leq w \leq 300 \text{ m/s} \triangleq 1080 \text{ kg/h}$$

$$w_5 = w_\infty \quad \text{für} \quad w_\infty \geq 300 \text{ m/s}$$

c) Die totale Gastemperatur T_3 vor der Turbine wurde für die ganze Untersuchung konstant mit:

$\underline{T_3 = 1100\ ^\circ K}$ angesetzt.

d) Stoffwerte. Nach V 1) Seite 45 wurde unter Benützung der Werte für Luft bestimmt:

Spez. Wärme $c_{p\,v}$ bzw. κ_v beim Vorstau und bei der Verdichtung für t = 100 °C als Mittel zwischen 0° und 200°C:

$$c_{p\,v} = \frac{\mathcal{C}p(100)}{MLuft} = \frac{6,99}{28,86} = 0,2415 \ \frac{kcal}{kg\ grad}$$

$$\kappa_v = \frac{\mathcal{C}p(100)}{\mathcal{C}v(100)} = \frac{6,99}{5,003} = 1,397$$

Spez. Wärme $c_{p\,T}$ bzw. κ_T bei der Expansion in der Turbine für t = 800 als Mittel zwischen 900°C und 700°C.

$$c_{p\,T} = \frac{\mathcal{C}p(800)}{MLuft} = \frac{7,99}{28,86} = 0,276 \ \frac{kcal}{kg\ grad}$$

$$\kappa_T = \frac{\mathcal{C}p(800)}{\mathcal{C}v(800)} = \frac{7,99}{6,003} = 1,33$$

Spez. Wärme $c_{p\,D}$ bzw. κ_D bei der Expansion in der Düse für t = 400°C als Mittel zwischen 500°C und 300°C.

$$c_{p\,D} = \frac{\mathcal{C}p(400)}{MLuft} = \frac{7,40}{28,86} = 0,255 \ \frac{kcal}{kg\ grad}$$

$$\kappa_D = \frac{\mathcal{C}p(400)}{\mathcal{C}v(400)} = \frac{7,40}{5,41} = 1,363$$

ez. Gaskonstante: $R = 29{,}27 \frac{mgk}{kg\ grd}$, wie bei Luft. Heizwert des Kraft-offes: $H = 10\ 300 \frac{kcal}{kg}$ als Mittelwert der in V 2) Seite 60 gegebenen rte.

Wirkungsgrade. Vorstauwirkungsgrad auf die Polytrope bezogen:

$_{pol\ St}$ = 0,92. Nach V 2) Seite 405

rdichterwirkungsgrad auf die Polytrope bezogen

$_{pol\ V}$ = 0,88 nach heute erreichbaren Werten.

Wirkungsgrade für Turboverdichter hohen Druckverhältnisses nicht zu schaffen waren, wurde die Untersuchung auf das Verhalten wenigstens r Optimalwerte gegenüber einer stetigen Änderung des Wirkungsgrades sgedehnt.

rbinenwirkungsgrad auf die Adiabate bezogen $\eta_{ad\ T} = 0{,}89$ entsprechend ıte erreichbaren Werten. Nach herkömmlichen Werten wurde weiter fest-legt: der mechanische Wirkungsgrad des Verdichterteiles:

$$\eta_{m\ V} = 0{,}986$$

mechanische Wirkungsgrad des Turbinenteiles:

$$\eta_{m\ T} = 0{,}984$$

enwirkungsgrad $\eta_D = 0{,}98$ nach 2) Seite 405

nnkammerwirkungsgrad $\eta_{Br} = 0{,}96$

ckverhältnis i.d. Brennkammer $\delta = 0{,}03$ nach 2) Seite 405

Die oben abgeleiteten Formeln erhalten mit den vorstehend aufgeführ- Werten folgende Gestalt:

$$e = \frac{1}{0{,}92} \cdot \frac{0{,}397}{1{,}397} = 0{,}309 \qquad (10a)$$

$$a = \frac{1}{0{,}88} \cdot \frac{0{,}397}{1{,}397} = 0{,}323 \qquad (16a)$$

$$d = \frac{0{,}33}{1{,}33} = 0{,}2481 \qquad (22a)$$

$$b = \frac{0{,}363}{1{,}363} = 0{,}2662 \qquad (32a)$$

$$\rho_{st}^{\,0,309} = \frac{T_\infty + 4,95 \cdot 10^{-4} \cdot (w_\infty^{\,2} - 10^4)}{T_\infty} \qquad (12a)$$

$$\gamma_1 = \gamma_\infty \cdot \rho_{st}^{\,0,691} \qquad (3a)$$

$$\varrho_1 = \varrho_\infty \cdot \rho_{st}^{\,0,691} \qquad (4a)$$

$$\Theta = 1 - 0,89 \cdot (1 - \rho_T^{\,-0,2481} \qquad (26a)$$

$$C_1 = 4,344 \cdot 10^{-7} \cdot w_5^{\,2} \qquad (35a)$$

$$\varphi = \frac{1}{0,97 \cdot \rho_{st}} \cdot \rho_T \cdot \left(\frac{1 - 0,89 \cdot (1 - \rho_T)^{-0,2481}}{1 - 0,89\,(1 - \rho_T^{\,-0,2481}) - 4,344 \cdot 10^{-7} \cdot w_5^{\,2}} \right)^{3,755} \qquad (36a)$$

$$L_{Po} = \gamma_1 \left\{ \frac{9890 - 0,2415 \cdot T_1 \cdot \rho^{0,323}}{9586} \cdot 265,8(1 - \rho_T^{\,-0,2481}) - 0,245 \cdot T_1 \cdot (\rho^{0,323} - 1) \right\} \frac{kcal}{m^3\ s} \qquad (28a)$$

$$S = \varrho_1 \cdot \frac{9890 - 0,2415 \cdot T_1 \cdot \varphi^{0,323}}{9586} \cdot w_5 - \varrho_1 \cdot w_\infty \quad kp/m^3 \qquad (41a)$$

$$m'_b = \varrho_1 \cdot \frac{303,5 - 0,2415 \cdot T_1\, \rho^{0,323}}{9586} \quad \frac{kg\ s^2}{m\ s\ m^3} \qquad (38a)$$

$$\frac{B}{N} = \frac{35,31 \cdot 10^3 \cdot m'_b}{N} \quad \frac{kg}{PS\ h} \quad (N \text{ aus } (42) \qquad (43a)$$

$$\eta_{ges} = \frac{0,1738 \cdot N}{10^3 \cdot m'_b} \quad \% \qquad (44a)$$

$$B = 1 + 0,932\ \frac{0,89 \cdot \rho_T^{\,-0,2481} \cdot C_1}{(\Theta - C_1)\ \Theta}$$

$$1 + \frac{10^{-4}}{9,54} \left[\frac{w_5 \cdot w_\infty}{427} + 2608(1 - \rho_T^{\,-d}) \right] - \frac{0,087}{B}(9890 - 0,2415 \cdot T_1 \cdot \rho^{\alpha}) \frac{1}{\rho_T^{\,d} \cdot T_1 \cdot \rho^{\alpha}} = 0 \qquad (50a)$$

w.

$$\frac{10^{-4}}{9,54}\;\frac{w_5\cdot w_\infty}{427}+2608\,(1-\rho_T^{-d})-\frac{0,087}{B}(9890-0,2415\cdot T_1\,\rho^a)\frac{1}{\rho_T^{d}\cdot T_1\cdot \rho^a}=$$

$$=0,986\,\frac{\frac{s\cdot w_\infty}{427\cdot \gamma_1}+\frac{L_{Po}}{\gamma_1}}{303,5-0,2415\cdot T_1\cdot \rho^a} \qquad (52a)$$

bei

$$\frac{w_\infty}{7\cdot \gamma_1}=\frac{w_\infty}{100}\cdot\frac{3,035\,\frac{w_\infty}{100}+0,9890\,(w_5-w_\infty)-\frac{w_5}{100}\cdot 0,2415\cdot\frac{T_1}{100}\cdot \rho^a}{40,15}$$

$$\frac{\;o}{\;}=265,8\,\frac{9890-0,2415\;T_1\,\rho^a}{9586}(1-\rho_T^{-d})-0,245\cdot T_1\;(\rho^a-1)$$

Der Einfluß des Propellerwirkungsgrades auf die Optimalwerte von Lei-ung und Wirkungsgrad.

vorliegenden Bericht wurde der Propellerwirkungsgrad nur in Abbildung (Schaubild) angedeutet, im übrigen aber unberücksichtigt gelassen. r Vollständigkeit halber werden im folgenden die allgemeinen Formeln r das Leistungs- und Wirkungsgradoptimum unter Berücksichtigung des pellerwirkungsgrades angegeben.

Leistungsoptimum

Gleichung (42) erhalten wir unter Berücksichtigung des Propeller-rkungsgrades:

$$\overline{N}=\eta_P\cdot\frac{427}{75}\cdot L_{Po}+\frac{w_\infty}{75}\cdot S \qquad PS/m^3 \qquad (54)$$

(28) folgt:

$$L_{Po}=\gamma_1\cdot\left\{y\,\eta_{m\,T}\cdot\eta_{ad_T}\cdot c_{p\,T}\cdot T_3\cdot(1-\rho_T^{-d})-\frac{c_{p\,v}\cdot T_1}{\eta_{m\,v}}\cdot(\rho^a-1)\right\}\frac{kcal}{m^3} \qquad (55)$$

(41) ergibt sich:

$$S = \rho_1 \cdot (y \cdot w_5 - w_\infty) \quad kp/m^3 \tag{56}$$

Hierbei ist y das Verhältnis von Gasgewicht zu Luftgewicht.

$$y = \frac{G_T}{G_V} = \frac{\gamma_{Br} \cdot H - c_{p\,V} \cdot T_1 \cdot \rho^a}{\gamma_{Br} \cdot H - c_{p\,T} \cdot T_3} \tag{57}$$

Bei einer totalen Temperatur T_3 vor den Laufschaufeln der Turbine lieg dieser Wert y in den Grenzen von

$$1 + \frac{1}{65} \leq y \leq 1 + \frac{1}{50}$$

Bei $N_{opt.}$ beispielsweise ist $y = 1 + \frac{1}{52} = 1,0192$

Dieser Wert wird bei der Differenziation als konstant angesetzt und er hält bei der zahlenmäßigen Auswertung einen entsprechenden Wert innerhalb der angegebenen Grenzen.

Aus (36) erhalten wir den bekannten Zusammenhang zwischen ρ und ρ_T:

$$\rho = \frac{\rho_T}{\rho_{st} \cdot (1-\delta_B)} \cdot \left(\frac{\Theta}{\Theta - C_1}\right)^{\gamma/b} \tag{58}$$

Wir setzen nun (55) und (56) in (54) ein und bilden den Differenzialquotienten;

Wegen y = const ist:

$$\frac{dS}{d\rho} = 0$$

daraus folgt weiter:

$$\frac{d\bar{N}}{d\rho} = 0 = \frac{d\,L_{Po}}{d\rho}$$

Durch Einsetzung von:

$$\frac{d\rho_T}{d\rho} = \frac{1}{d\rho / d\rho_T} = \frac{\rho_T}{\rho} \cdot \frac{1}{1 + \frac{d}{b} \cdot \gamma_{ad_T} \cdot \rho_T^{-d} \cdot \frac{C_1}{\Theta \cdot (\Theta - C_1)}}$$

in

$$m\ T \cdot \eta_{ad_T} \cdot c_{p\ T} \cdot T_3 \cdot \gamma_1 \cdot y \cdot d \cdot \rho_T^{-d-1} \cdot \frac{d\rho_T}{d\rho} - \gamma_1 \cdot \frac{c_{p\ v} \cdot T_1}{\eta_{m\ v}} \cdot a \cdot \rho^{a-1} = 0$$

d Berücksichtigung von Gleichung (58) erhalten wir an Stelle von Gleichung (50)

$$\left[\rho_{st} \cdot (1-\delta_B)\right]^{a} \cdot y \cdot \eta_{m\ v} \cdot \eta_{m\ T} \cdot \eta_{ad\ T} \cdot \frac{c_{p\ T} \cdot T_3}{c_{p\ V} \cdot T_1} \cdot \frac{d}{a} = \left(\rho_T^{d} + \frac{d}{b} \cdot \frac{\eta_{ad_T} \cdot C_1}{\theta(\theta - C_1)} \cdot \rho_T^{d}\right) \cdot \left(\frac{\theta}{\theta - C_1}\right)^{a/b} \quad (59)$$

s dieser Gleichung ergibt sich, daß die Lage des Leistungsmaximums er ρ_T bzw. ρ unabhängig ist vom Propellerwirkungsgrad.

Einsetzen der bekannten Zahlenwerte und für y = 1,0192 erhalten wir die Lage des Leistungsoptimums $\rho_{T\ opt-N}$:

$$\rho^{0,323}_{st/T_1} \cdot 841 = \rho_T^{0,323} \cdot \left(\rho_T^{0,2481} + \frac{0,83 \cdot C_1}{\theta \cdot (\theta - C_1)}\right) \cdot \left(\frac{\theta}{\theta - C_1}\right)^{1,231} \quad (59a)$$

bei ist:

$$\theta = 0,11 + \frac{0,89}{\rho_T^{0,2481}}$$

d

$$C_1 = 4,344 \cdot 10^{-3} \cdot \left[\left(\frac{w_5}{10^2}\right)^2 - 0,98\right]$$

eichung (58) liefert dann in der Form

$$\rho = \frac{\rho_T}{0,97 \cdot \rho_{st}} \cdot \left(\frac{\theta}{\theta - C_1}\right)^{3,755} \quad (58a)$$

gesuchten Wert von ρ_{opt-N}.

W i r k u n g s g r a d o p t i m u m

Formel (44) erhalten wir für den Wirkungsgrad bei Einführung der pellerleisten $\overline{N}$;

$$\overline{\eta_{ges}} = \frac{632 \ {}^{kcal}/_{PSh}}{g \ {}^{m}/_{s^2} \cdot 3600 \ {}^{s}/_{h} \cdot H \ {}^{kcal}/_{kg \, Kr.st}} \cdot \frac{\overline{N} \ {}^{PS}/_{m^3}}{m'_b \ {}^{kg \cdot sec^2}/_{m^4 \, s}} \ \% \qquad (6$$

Nach (38) ergibt sich für die Masse des sekundlich eingespritzten Kraftstoffes m'b:

$$m'b = \rho_1 \cdot \frac{c_{p\,T} \cdot T_3 - c_{p\,V} \cdot T_1 \cdot \rho^a}{\eta_{Br} \cdot H - c_{p\,T} \cdot T_3} \quad \frac{kg \ sec^2/_m \ \text{Kraftstoff}}{s \cdot m^3 (\text{Luft b.Zustand } 1)} \qquad (6$$

Aus (60) folgt durch Differenziation:

$$\frac{d\overline{\eta_{ges}}}{d\rho} = 0 = m'_b \cdot \frac{d\overline{N}}{d\rho} - \overline{N} \cdot \frac{dm'b}{d\rho} \qquad (6$$

Unter Berücksichtigung, daß $\frac{dS}{d\rho} = 0$ ist, erhalten wir weiter:

$$m'b \cdot \frac{427}{75} \cdot \eta_p \cdot \frac{dL_{Po}}{d\rho} = \frac{427}{75} \cdot \left\{ \eta_p \cdot L_{Po} + \frac{w_\infty}{427} \cdot S \right\} \cdot \frac{-\rho_1 \cdot a \cdot c_{p\,V} \cdot T_1 \cdot \rho^{a-1}}{\eta_{Br} \cdot H - c_{p\,T} \cdot T_3} \qquad (6$$

Unter Benutzung von (61) erhalten wir schließlich als Bestimmungsgleichung:

$$\frac{\eta_p}{\eta_m} \cdot \gamma_1 (c_{p\,T} \cdot T_3 - c_{p\,V} \cdot T_1 \cdot \rho^a) \cdot \left\{ 1 - y \ \eta_{m_V} \cdot \eta_{m\,T} \cdot \eta_{ad\,T} \cdot \frac{d}{a} \cdot \frac{c_{pT} \cdot T_3}{c_{pV} \cdot T_1} \cdot \frac{1}{\rho^a} \cdot \right.$$

$$\left. \cdot \frac{1}{\rho_T^{\frac{d}{T}+\frac{d}{b}} \cdot \eta_{ad\,T} \cdot \frac{C_1}{\theta \cdot (\theta - C_1)}} \right\} = \eta_P \cdot L_{Po} + \frac{w_\infty}{427} \cdot S \qquad (6$$

Dies ist die Gleichung für die Lage des optimalen Wirkungsgrades, gekennzeichnet durch $\rho_{opt-\eta}$ bzw. $\rho_{Topt-\eta}$

Im Gegensatz zum Leistungsoptimum ist nach Formel (64) das Wirkungsgra optimum nicht mehr unabhängig vom Propellerwirkungsgrad.

Bei Einsetzung der bekannten Zahlenwerte und y = 1,016 erhalten wir:

$$\frac{P}{986}\cdot \gamma_1 \cdot (303{,}5-0{,}2415\cdot T_1\cdot \varphi)^{0,323} \cdot \left\{1-\frac{847}{T_1}\cdot\frac{1}{\varphi^{0,323}}\cdot\frac{1}{\varphi_T^{0,2481}+0{,}829\cdot\frac{C_1}{\theta\cdot(\theta-C_1)}}\right. =$$

$$= \eta_P \cdot L_{Po} + \frac{w_\infty}{427}\cdot S \qquad (64a)$$

i der numerischen Auswertung der Gleichung geht man zweckmäßigerweise eder von einem angenommenen φ_T aus und bestimmt mit:

$$= 0{,}11 + \frac{0{,}89}{\varphi_T^{0,2481}} \text{ und } C_1 = 4{,}344\cdot 10^{-3}\cdot\left[\left(\frac{w_5}{10^2}\right)^2 - 0{,}98\right]$$

ıächst den zugehörigen φ -Wert aus:

$$\varphi = \frac{\varphi_T}{0{,}97\cdot\varphi_{st}}\cdot\left(\frac{\theta}{\theta-C_1}\right)^{3,755}$$

ist dann analog wie früher:

$$L_{Po} = \gamma_1 \cdot \left\{ y\cdot 265{,}8\cdot(1-\varphi_T^{-0,2481}) - 0{,}245\cdot T_1\,(\varphi^{0,323}-1)\right\} \qquad (55a)$$

.

$$S = \rho_1 \cdot (y \cdot w_5 - w_\infty) \qquad (56a)$$

weiter

$$m'b = \rho_1\cdot\frac{303{,}5-0{,}2415\cdot T_1\cdot\varphi^{0,323}}{9586} \qquad (61a)$$

Formeln 54 - 64a wurden abgeleitet, einmal um dem Propellerwirkungs- d $\eta_P < 1$ Berücksichtigung zu geben und zum anderen, um für eine schnel- e Umrechnung der bisherigen Ergebnisse auf andere höhere totale Gas- peraturen von den Turbinenlaufschaufeln T_3 vereinfachte Formeln zu itzen.

VI. Besprechung und Diskussion der Schaubilder

Die Untersuchungen an Hand der vorstehend abgeleiteten Gleichungen wurden in der Weise durchgeführt, daß die kennzeichnenden Größen: Leistung Wirkungsgrad und spez. Kraftstoffverbrauch in Abhängigkeit vom Expansio druckverhältnis ρ_T zahlenmäßig berechnet wurden. Diese Rechnung erfolg für verschiedene Fluggeschwindigkeiten und verschiedene Flughöhen als Parameter, d.h. also für unterschiedliche thermische Zustände im Einlau des Triebwerkes.

Trägt man die oben bezeichneten Kenngrößen über dem Expansionsdruckverhältnis ρ_T bzw. dem Druckverhältnis ρ auf, so ergeben sich parabelförmige Kurven, die alle ausgeprägte Optima besitzen. Entsprechend der Wic tigkeit dieser Optima wurde der genauen Feststellung derselben - und zwar auch in Abhängigkeit von den Parametern - durch Auswertung der dif renzierten Leistungs- bzw. Wirkungsgrad-Gleichungen ein besonders breiter Raum bei der weiteren Untersuchung gewidmet. Die Ergebnisse sind ir den Abbildungen 3-9 (Schaubilder) veranschaulicht.

Die Abbildungen 10-13 und 14-16 (Schaubilder) enthalten eine zusammenfassende Auswertung und Darstellung der ursprünglich errechneten und über ρ aufgetragenen Kurven. Sie ermöglichen einen umfassenden und gena en Überblick über das theoretische Verhalten der PTL Triebwerke bei der verschiedenen Fluggeschwindigkeiten und Flughöhen.

Vergleicht man nun die hier ermittelten, das theoretische Verhalten vor PTL-Triebwerken aufzeigenden Schaubilder mit entsprechenden Diagrammen, wie sie für wirkliche Triebwerke bei Änderung von Fluggeschwindigkeit und Flughöhe experimentell aufgestellt werden können, so ergeben sich gewisse Abweichungen. Der Grund dafür ist in Folgendem zu suchen: Wir haben in unserem allgemeinen Teil dieses Berichtes (Abschnitt IV) und zwar alle wesentlichen, bei wirklichen Triebwerken auftretenden Verlust quellen, Maschinenwirkungsgrade, Druckabfall usw. berücksichtigt, mußte aber dann bei der zahlenmäßigen Berechnung für diese Größen den heutige Konstruktionen entsprechende Mittelwerte einsetzen, und diese bei der Auswertung für alle Fälle konstant gleichbleibend annehmen. In Wirklich keit hat dagegen z.B. ein Verdichter, der - z.B. bei Einlaufzuständen, wie sie einer Fluggeschwindigkeit von 800 km/h in 10 km Höhe entspreche

- seinen besten Wirkungsgrad hat, bei nur 400 km/h in 2,5 km Höhe einen niedrigen Wirkungsgrad; er hat auch nicht denselben Wirkungsgrad bei Vollast und bei Teillast. Das Gleiche gilt sinngemäß natürlich auch für die Turbine sowie die anderen Verlustquellen.

Bei vorliegender Untersuchung kam es jedoch darauf an, zunächst einmal Zahlenwerte zu erhalten, an Hand deren man sich das grundsätzliche Verhalten solcher PTL-Triebwerke klarmachen sowie Vergleiche mit den Eigenschaften von Triebwerken anderer Bauart ziehen kann. Dies verlangt eine gewisse Idealisierung der Verlustfaktoren gegenüber Änderungen von Geschwindigkeit und Höhe des Flugzeugs, also der thermischen Zustände im Einlaufkanal.

So verlangt die Forderung nach konstantem Wirkungsgrad zunächst, - wenn man von vornherein überschlagsmäßig von den durchaus nicht immer vernachlässigbaren Einflüssen der Re- und Ma-Zahlen der Strömung in den Schaufelkanälen absieht - , vor allem mindestens Kongruenz der Geschwindigkeits- Ein= und Austrittsdreiecke in den Turbomaschinen, trotz einer etwaigen Änderung der Parameter w_∞ und h. Verlangt man weiter, daß die Vergleiche mit Triebwerken anderer Druckverhältnisse und anderer Konstruktion unter Zugrundelegung jeweils derselben Durchsatzgeschwindigkeit erfolgen sollen, weil das auch annähernd gleichen Stirnwiderstand bedeutet, so folgt daraus noch weiter sogar die Gleichheit der Geschwindigkeitsdreiecke in den verglichenen Turbomaschinen, was wieder gleichbedeutend ist mit der Forderung nach einer in allen Betriebsbereichen konstanten Drehzahl der Triebwerkswelle. Nach V 2) Seite 77 ist bei konstanter Drehzahl aber im allgemeinen nicht das im Verdichter erzielte Druckverhältnis konstant, sondern die adiabate Förderhöhe.

Eine adiabate konstante Förderhöhe kann am einfachsten durch jenes Druckverhältnis mit der Bezeichnung φ_o charakterisiert werden, das der Turboverdichter am Boden und im Stand (T_{1o} = 283°K bei w_1 = 100 m/sec.) bei dieser Förderhöhe erzeugt. Wenn nun auch die Förderhöhe gegenüber Änderungen des durch Geschwindigkeit und Höhe gekennzeichneten Flugzustandes konstant ist, so wird sich doch das vom Verdichter gelieferte Druckverhältnis φ mit T_1 ändern. Die Reduzierungsgleichung von dem bei irgendeinem Flugzustand jeweils feststellbaren Druckverhältnis auf den Boden und Standwert φ_o folgt aus:

$$c_{p\,v} \cdot T_{1o}\left(\cdot \rho_o^{\frac{\kappa_v-1}{\kappa_v}}-1\right) = c_{p\,v} \cdot T_1 \cdot \left(\rho^{\frac{\kappa_v-1}{\kappa_v}}-1\right)$$

zu

$$\rho_o^{\frac{\kappa_v-1}{\kappa_v}} = 1 + \frac{T_1}{T_{1o}} \cdot \left(\rho^{\frac{\kappa_v-1}{\kappa_v}} -1\right)$$

Dabei ist T_1 die Temperatur am Ende des Vorstaues, berechnet nach 11 bzw. 12a; mit den von uns gewählten Annahmen beträgt also diese Vorstauendtemperatur am Boden und im Stand: $T_{1\,o} = 283\ ^oK$. In Abbildung 3 und 4 ist das Ergebnis einer hier beispielsweise durchgeführten Reduzierung zur Darstellung gebracht.

Während diese die Förderhöhe bzw. das Druckverhältnis betreffenden Abweichungen vom wirklichen Verdichter noch durch eine einfache Umrechnung zu berücksichtigen waren, geht das bei zwei anderen Unterschieden nicht mehr ohne weiteres.

1) Das Verhalten wirklicher Verdichter ist nämlich von der Konstruktion selber in erheblicher Weise mit beeinflußt. Die für den Durchsatz maßgeblichen Größen

$$m'_l \cdot \frac{R \cdot T}{P} \quad \text{bzw.} \quad (m'_l + m'_b) \cdot \frac{R \cdot T}{P}$$

sind nämlich, wie man leicht feststellt, für verschiedene Flugzustände (Geschwindigkeit und Höhe) durchaus nicht genau konstant (weder im Verdichter noch in der Turbine), wie es die Annahme gleicher Geschwindigkeitsdreiecke verlangen würde. Das Triebwerk müßte also die Möglichkeit haben, die Kanal- und Durchtrittsquerschnitte jeweils den Flugzuständen anzupassen. Dies wird übrigens in beschränktem Umfang auch ausgeführt, durch Ausführung der Einlauf- und Schubdüsen mit veränderlichem Austrittsquerschnitt.

2) Weiter erfolgen die Umsetzungen von Druckenergie in Geschwindigkeitsenergie bzw. insbesondere umgekehrt (in Turbine bzw. vor allem im Verdichter) bei entsprechend dem Betriebszustand veränderten Einströmbedingungen, wie oben bereits kurz angedeutet, ebenfalls mit verändertem Wirkungsgrad. Mit anderen Worten, das Verhalten der Turbomaschinen bei ge-

änderten Drehzahlen, bei Teillast usw. ist durch ihre Kennfelder gekennzeichnet, deren Form jedoch wiederum sehr von der Bauart und Konstruktion abhängig ist und nur experimentell bestimmt werden kann.

Zusammenfassend können wir also sagen, daß die aus den errechneten Schaubildern herausgreifbaren Werte prinzipiell von jedem Triebwerk erreicht werden können, das so ausgelegt ist, daß seine Maschinenwirkungsgrade bei dem in Betracht gezogenen Zustand dieselben sind, wie die von uns der Zahlenrechnung zugrunde gelegten. Da diese Wirkungsgrade den Mittelwerten der Bestpunkte der verschiedenen Kennfelder heute üblicher Konstruktionen entsprechen, stellen die von uns hier ermittelten Ergebnisse ebenfalls jeweils Bestpunkte für PTL-Triebwerke der heute üblichen Ausführung dar[5)].

Bei Untersuchungen dagegen, die das Verhalten bestimmter, ausgeführter Triebwerke ermitteln sollen, müssen an Stelle der von uns hier für die ganze Zahlenrechnung konstant angenommenen Teilwirkungsgrade, Druckverluste usw. Werte eingesetzt werden, die punktweise den Kennfeldern entnommen werden, die für die betreffenden Konstruktionen experimentell ermittelt wurden.

Wir gehen nun auf das Ergebnis der Berechnungen im einzelnen ein:

1. Leistung N $\frac{\text{PS}}{\text{m}^3 \text{ v. Zustand 1}}$

Tragen wir die Leistung über dem Druckverhältnis φ der Verdichtung auf, mit der Geschwindigkeit w_∞ und der Höhe h als Parameter, so ergeben sich parabelförmige Kurven mit oben liegendem Scheitel. Diese Scheitel werden immer "spitzer" d.h. die Scheitelkrümmungskreise immer kleiner, mit wachsender Geschwindigkeit; dagegen mit steigender Höhe umgekehrt immer flacher, wobei jedoch der Einfluß der Geschwindigkeit überwiegt. Spitzer Scheitel bedeutet aber größere Empfindlichkeit der erzielbaren Leistungsausbeute gegenüber der Wahl des Druckverhältnisses. Deshalb ist dort auf das voraussichtliche Verhalten des Verdichters (Druckverhältnis oder Förderhöhe konstant?) schon bei der Auslegung besonders zu achten.

---

5. Aus den nach Fertigstellung dieses Berichtes bekannt gewordenen Verbrauchszahlen neuester Triebwerke folgt, daß heute schon Turbomaschinen mit weniger als 10 % Gesamtverlust durchaus im Bereich der Möglichkeit liegen

Für den Einfluß der Parameter auf die Scheitel findet man:

a) Geschwindigkeit w_∞

1) G r ö ß e d e s O p t i m a l w e r t e s d e r L e i s t u n g

Aus Abbildung 3, die für den Spezialfall h = 0 die Verhältnisse veranschaulicht, erkennt man, daß der Optimalwert der Leistung mit steigender Geschwindigkeit w_∞ immer größere Werte annimmt. - Das erklärt sich aus der Vergrößerung des Gesamtgefälles und der durchgesetzten Masse ϱ_1 durch das mit steigender Geschwindigkeit anwachsende Staudruckverhältnis. So entspricht z.B. einer Geschwindigkeit von w_∞ = 1000 km/h das 1,8-fache und einer Geschwindigkeit von 2000 km/h sogar das 4,2-fache des Wertes, den die theoretische Wellenleistung im Stand und in Meereshöhe besitzt.

Von dieser theoretischen Wellenleistung kommen allerdings bei der Verwendung von Luftschrauben derzeitiger Bauart nur ein dem Wirkungsgrad η_P dieser Propeller entsprechender Betrag für den Vortrieb des Flugzeuges zur Wirkung:

Unter Benützung der in 2) Seite 396 gegebenen und in nachstehender Tabelle aufgeführten Werte für den Propellerwirkungsgrad in Abhängigkeit von der Geschwindigkeit w_∞ ergibt sich der ebenfalls in Schaubild 1 dargestellte Kurvenzug $\overline{N}$ und zwar mit (42) aus der Beziehung:

$$\overline{N} = \frac{L_{Po} \cdot 427}{75} \cdot \eta_P + \frac{S \cdot w_\infty}{75} \quad PS/m^3$$

Aus

$$\overline{\eta}_{ges} = \frac{0{,}1738 \cdot \overline{N}}{10^3 \cdot m'_b} \quad \%$$

folgt dann nach (44a) der Wirkungsgrad.

T a b e l l e 1

Propellerwirkungsgrad

w_∞	km/h	100	200	300	400	500	600	700	800	900	1000
η_P	%	25	48	66	75	80	82	77	68	50	30

Nach einem Maximum bei ca. 650 km/h fällt die tatsächlich zum Vortrieb des Flugzeuges verwendbare Leistung wieder ab und wird bei 1100 km/h zu Null! Zur Nutzbarmachung der vom Triebwerk lieferbaren Leistung auch noch bei höheren Geschwindigkeiten müssen daher andere, außerhalb des Rahmens dieses Berichtes fallende Wege beschritten werden. Dabei ist dann auch für eine entsprechende Gestaltung der Einlaufdüse Sorge zu tragen, damit im Überschallgebiet die gleichen, guten Stauwirkungsgrade erzielt werden können, wie wir sie hier für das Unterschallgebiet vorausgesetzt haben.

2) Lage des Optimalwertes der Leistung

Dieser wandert mit größer werdender Geschwindigkeit w_∞ zu immer kleineren Werten der Druckverhältnisse φ, die wir künftig kurz leistungsoptimale Druckverhältnisse φ_{opt-N} nennen.

Weiter findet man, daß das leistungsoptimale Idealdruckverhältnis φ_o größer als das im Fluge auftretende leistungsoptimale φ zu wählen ist, wenn es sich um einen Flug in Bodennähe, also h = 0, handelt (Abb. 3). Dieser Unterschied nimmt mit der Höhe ab, so daß in größeren Höhen das dort vom Verdichter erzeugte φ größer als der Wert φ_o werden kann (Abb. 4).

b) Höhe h

Entsprechend der sich mit der Höhe verringernden Luftdichte nimmt die je m^3 erreichbare Leistung mit wachsender Höhe ab; bei w_∞ = 1000 km/h sinkt sie z.B. in 10 km Höhe auf die Hälfte des Bodenwertes und auf 1/9 in 20 km Höhe (Abb. 4). Die Lage des Optimalwertes rückt bei konstanter Geschwindigkeit mit wachsender Höhe zunächst nach etwas größeren Druckverhältnissen, um dann in der Stratosphäre ab 11 km wegen der dort angenommenen Konstanz der Temperatur ebenfalls bei einem konstanten φ-Wert zu bleiben.

c) Geschwindigkeit w_1 vor dem Verdichter

Da der ganzen Untersuchung eine Verdichtereintrittsgeschwindigkeit von w_1 = 100 m/s zugrunde gelegt wird, heißt das, die errechneten und auf

1 m^3 Durchsatzmedium vom Zustand 1 bezogenen Werte der Leistung werden bei einer freien Durchtrittsfläche F_1 = 1 dm^2 erreicht. Nachdem letztere aber auch in einem gewissen Verhältnis zur Stirnfläche steht, bedeutet eine Vergrößerung oder Verkleinerung von w_1 bei sonst gleichbleibenden Verhältnissen, demnach auch eine Vergrößerung oder Verkleinerung der je Flächeneinheit der Stirnfläche des Triebwerks erzielbaren Leistung. Die mit der Änderung von w_1 verbundene Änderung des Staudruckverhältnisses bedingt aber neben Temperatur-Änderungen vor dem Verdichter auch eine Änderung des gesamten zur Verfügung stehenden Druckgefälles und damit auch Änderungen der auf 1 m^3 bezogenen "Einheits"-Leistung sowie des Wirkungsgrades. Wie aus Abbildung 5 für Bodennähe und eine Fluggeschwindigkeit w_∞ = 1000 km/h hervorgeht, sinkt bei einer Steigerung der Geschwindigkeit w_1 von 0 auf 300 m/s die Leistung auf fast die Hälfte und der Wirkungsgrad um 1/4 seines Wertes bei $w_1 \approx 0$. Gleichzeitig macht sich eine starke Steigerung des erforderlichen leistungsoptimalen Druckverhältnisses φ_{opt-N} bemerkbar. Die "Flächen"-Leistung dagegen steigt um 70 %, wenn statt w_1 = 100 m/s, w_1 = 300 m/s gewählt wird, wobei das Maximum dabei allerdings schon leicht überschritten ist.

2. Wirkungsgrad η_{ges} %

Darunter verstehen wir hier den "gesamten Triebwerkswirkungsgrad", also ohne Propellerwirkungsgrad, der hier an die Stelle des bei den TL-Triebwerken üblichen Strahlwirkungsgrades treten würde.

Auch dieser Triebwerkswirkungsgrad gibt, über dem Druckverhältnis aufgetragen, nach unten offene Prabeln, deren Scheitel, mit steigender Geschwindigkeit w_∞ immer größere Werte erreicht, wann man zu seiner Errechnung von der theoretischen Wellenleistung des Triebwerks ausgeht, vom Wirkungsgrad des Propellers also absieht. - Diese Wirkungsgradvergrößerung mit steigender Geschwindigkeit ist eine Folge der Vergrößerung des Gesamtgefälles durch das mit steigender Geschwindigkeit wachsende Staudruckverhältnis.

Die auch hier mit steigender Geschwindigkeit eintretende Verkleinerung des Scheitelkrümmungskreises der Kurven über φ ist wesentlich geringer als bei den Leistungskurven. Wie dort ist der Einfluß der Höhe umgekehrt, größere Höhen ergeben einen flacheren Verlauf der Wirkungsgradparabeln.

Für den Einfluß der Parameter auf die Scheitel findet man im einzelnen:

a) Geschwindigkeit w_∞

Abbildung 6 zeigt, daß in Meereshöhe bei einer Geschwindigkeit von 1000 km/h ein 1,43mal besserer theoretischer Wirkungsgrad als im Stand erzielt werden kann, während bei 2000 km/h der Optimalwert sogar das 1,65-fache jenes im Stand ist. Berücksichtigt man allerdings die derzeit üblichen Propellerwirkungsgrade, wie sie in der Tabelle auf Seite 42 beispielsweise niedergelegt sind, dann verschiebt sich erstens der Scheitel der Wirkungsgradparabel etwas, weil ja in der rechten Seite der Gleichung (52), Seite 27 bzw. (52a), Seite 33 vor L_{po} der Propellerwirkungsgrad η_p als Faktor tritt. Zweitens wird aber auch der nach Seite 42 unten sich ergebende Gesamtwirkungsgrad kleiner als der in Abbildung 4 gezeigte Triebwerkswirkungsgrad und fällt nach einem Maximum bei ca. w_∞ = 650 - 700 km/h schon wieder ab, bis er bei ca. w_∞ 1100 km/h schließlich ganz zu Null wird.

Im großen und ganzen rückt auch hier mit wachsender Geschwindigkeit und konstanter Höhe die durch das wirkungsgradoptimale Druckverhältnis f_{opt-y} gekennzeichnete Lage des Wirkungsgradscheitels nach kleineren Druckverhältnissen.

b) Höhe h

Bei gleichen Druckverhältnissen und gleicher Geschwindigkeit ergibt sich ganz allgemein in einer größeren Höhe ein höherer Wirkungsgrad. Das gilt natürlich ebenfalls und erst recht für die Optimalwerte. Eine Erklärung findet man darin, daß nach INA mit der Höhe die Temperatur vor dem Flugzeug und damit auch vor dem Verdichter abnimmt, und das bedeutet bekanntlich eine Abnahme der Verdichterarbeit. Nach Abbildung 7 steigt bei w_∞ = 1000 km/h der Optimalwert vom Boden bis in 11 km Höhe ziemlich geradlinig an, auf ca. das 1,3-fache des Bodenwertes und ist von da ab wegen der nach INA als konstant angenommenen Außentemperatur ebenfalls konstant.

Legt man einem Vergleich hinsichtlich der Lage der Optimalwerte konstante Fluggeschwindigkeitkeit zugrunde, so verschiebt sich in dem Bereich der Atmosphäre, wo die Temperatur mit steigender Höhe abnimmt, das Optimum sehr stark nach immer größeren Druckverhältnissen, und bleibt mit der Temperatur ab 11 km dann ebenfalls bei konstantem ρ.

c) Gegenüberstellung der Verhältnisse beim Optimum

Von ganz besonderem Interesse für die Planung der Triebwerke ist ohne Zweifel die Kenntnis der Unterschiede in den Ergebnissen bei Auslegung nach leistungsoptimalem Druckverhältnis ρ_{opt-N}, bzw. wirkungsgradoptimalem Druckverhältnis $\rho_{opt-\eta}$:

Die Differenzbeträge zwischen den Werten von Wirkungsgrad und Leistung gegenüber dem jeweiligen Optimum in den beiden Fällen $\Delta\gamma$ bzw. Δ N wurden deshalb in Abbildung 6 über der Geschwindigkeit bzw. in Abbildung 7 über der Höhe aufgetragen.

Legt man nach maximalem Wirkungsgrad aus, so ergibt sich danach am Boden und im Stand eine Leistungsausbeute, die um 6,5 % des theoretischen Leistungsoptimums kleiner ist.

Diese Minderung nimmt mit der Geschwindigkeit noch etwas zu, beträgt z.B. 6,74 % bei 1000 km/h und 13 % des jeweiligen Leistungsoptimums bei 2000 km/h. Auslegung nach maximaler Leistung hat umgekehrt natürlich einen kleineren Wirkungsgrad zur Folge und zwar beträgt dabei die Minderung 3,15 % des Maximalwirkungsgrades bei w_∞ = 0, welcher Betrag auf 6 % bei 1000 km/h und weiter auf 6,3 % des jeweiligen Maximums bei w_∞ = 2000 km/h anwächst.

Eine Untersuchung über den Einfluß der Höhe ergibt bei einer konstanten Geschwindigkeit von z.B. w_∞ = 1000 km/h folgendes (Abb. 7).

Einhaltung von $\rho_{opt-\gamma}$ verursacht eine zunächst mit der Höhe wachsende Minderung, ausgehend von 6,74 % der maximalen Leistung am Boden bis 9,12% in 11 km Höhe, die dann wieder langsam auf 8,6 % in 20 km Höhe absinkt.

Auslegung nach ρ_{opt-N} hat umgekehrt eine Wirkungsgradminderung zur Folge, die von 6 % des maximalen Wirkungsgrades am Boden auf 8,65 % in 10 km Höhe und weiter auf 9 % in 20 km ansteigt.

d) Stauwirkungsgrad $\eta_{pol\ St}$

In Abbildung 8 wurde für eine Fluggeschwindigkeit von 1000 km/h am Boden und eine Auslegung nach optimalem Wirkungsgrad gemäß $\varphi_{opt-\eta}$ das Ergebnis einer Untersuchung über den Einfluß des Stauwirkungsgrades auf die kennzeichnenden Größen dargestellt. - Einer Verbesserung des Stauwirkungsgrades um 10 %, von 90 % auf 100 % entspricht danach bei den angenommenen Verhältnissen eine Verbesserung des Gesamtwirkungsgrades um 1 %. Die Leistungsausbeute N verbessert sich dabei um fast 8 % des Ausgangswertes. Die Ursache dieser Verbesserungen liegt in der Erhöhung des Gesamtdruckgefälles durch Verbesserung des Staudruckverhältnisses. Der Restschub S steigt ebenfalls leicht an, weil ϱ_1 zunimmt. Der spezifische Kraftstoffverbrauch B/N nimmt entsprechend der Zunahme des Wirkungsgrades leicht ab. Das optimale Druckverhältnis des Verdichters $\varphi_{opt-\eta}$ nimmt mit der Verbesserung des Stauwirkungsgrades nur wenig zu.

e) Verdichterwirkungsgrad $\eta_{pol\ V}$

Der Umstand, daß kaum Unterlagen über die in Turbo-Kompressoren zu erwartenden Wirkungsgrade bei hohen Verdichtungsverhältnissen, wie sie unter Umständen nach 2c) erforderlich sind, vorliegen sowie die Tatsache, daß gerade der Verdichterwirkungsgrad bei einer Änderung der thermischen Zustände ebenfalls größere Änderungen erfährt, lassen es nötig erscheinen, dem Einfluß dieses Wirkungsgrades auf Lage und Größe der Scheitelwerte besonderes Augenmerk zu schenken. Als Beispiel wird das Ergebnis einer für w_∞ = 1000 km/h und h = 0 durchgeführten Untersuchung bei Einhaltung von $\varphi_{opt-\eta}$ in Abbildung 9 gezeigt:

Als Folge der theoretisch abgeleiteten Gleichungen ergibt sich, wie man sieht, ganz von selbst, daß bei Bestehen der Forderung nach optimalem Wirkungsgrad einer etwaigen Verschlechterung des Verdichterwirkungsgrades durch Verkleinerung der Druckverhältnisse begegnet wird, so daß bei im Beispiel gleichbleibend angenommenem Turbinenwirkungsgrad von 89 % einer Senkung des Verdichterwirkungsgrades um 18 %, von 88 % auf 70 % ein geradliniges Absinken des Gesamtwirkungsgrades nur um 9 % von 24,3 auf 15,4 % entspricht, während allerdings die Leistung um 1/3 ihres Wertes zurückgeht.

Die Werte für $\rho_{opt-\eta}$ gehen dabei von 7,64 auf mehr als die Hälfte, nämlich auf 3,585 zurück. Dadurch kann sich der schlechtere Verdichterwirkungsgrad nicht so stark auf das Gesamtendergebnis, nämlich den Gesamtwirkungsgrad auswirken.

Der spzezifische Kraftstoffverbrauch steigt dabei entsprechend an, von 0,252 auf 0,4 kg/PSh.

Der Restschub bleibt gemäß der hier gemachten Voraussetzung einer über den ganzen Bereich dauernd gleichen Austrittsgeschwindigkeit unabhängig vom Verdichterwirkungsgrad konstant.

f) Turbinenwirkungsgrad $\eta_{ad\ T}$

Ein ähnlicher Einfluß, wie der des Verdichterwirkungsgrades ist auch beim Turbinenwirkungsgrad zu erwarten. Da es sich bei der Turbine jedoch um eine beschleunigte Strömung handelt, ist ein guter Wirkungsgrad wesentlich leichter zu erreichen, auch wird er bei Änderung der Betriebsbedingungen in engeren Grenzen schwanken. Es erscheint deshalb erlaubt, von einem ins einzelne gehenden Studium des Einflusses dieses Wirkungsgrades abzusehen.

3. Spez. Kraftstoffverbrauch B/N kg/PSh

Der spezifische Kraftstoffverbrauch ist seiner Definition nach eine zum Wirkungsgrad reziproke Größe. Alle über den Verlauf der letzteren gemachten Feststellungen gelten also mit umgekehrtem Vorzeichen auch für den spezifischen Kraftstoffverbrauch.

Insbesondere sind die Druckverhältnisse $\rho_{opt-\eta}$ maximalen Wirkungsgrades gleichzeitig die minimalen spez. Kraftstoffverbrauches.

In den Abbildungen 10-13 sind die Ergebnisse der in Abhängigkeit von ρ_T bzw. ρ durchgeführten zahlenmäßigen Untersuchungen zusammengefaßt. In diesen besonders entwickelten Schaubildern sind für die Flughöhen 0, 5, 10 und 11 km die spez. Kraftstoffverbräuche B/N in kg/PSh über der spez. Leistung N in PS/kg Luftdurchsatz als Abszisse bei verschiedenen Fluggeschwindigkeiten w_∞ = 0 - 2000 km/h als Parameter dargestellt.

Diese "Muschelkurven" rücken, wie der Vergleich der 4 Diagramme zeigt, mit steigender Höhe und Geschwindigkeit immer weiter nach rechts unten im Diagrammfeld, also ins Gebiet höherer spez. Leistung bei geringerem spez. Kraftstoffverbrauch. Infolge der mit der Höhe sinkenden Außentemperatur vor dem Triebwerk wird nämlich die je kg Luftdurchsatz erforderliche Verdichterarbeit kleiner und damit die je kg Durchsatz nach außen zur Verfügung stehende Leistung größer. Gleichzeitig nimmt damit der Wirkungsgrad zu und dementsprechend der spez. Kraftstoffverbrauch ab. Mit steigender Geschwindigkeit fällt dagegen ein immer größerer Teil der Gesamtverdichtung auf die Stauverdichtung, deren Wirkungsgrad wir ja hier, unabhängig von der Geschwindigkeit, besser als den Kompressorwirkungsgrad angenommen haben.

Die Verbindung aller Maxima der Muschelkurven eines Diagrammes in bezug auf die Ordinate X gibt die Kurve optimaler Leistungen, N_{max}, während die Verbindungslinie aller Minima in bezug auf die Abszisse, die Kurve minimaler B/N-Werte, d.h. optimaler Wirkungsgrade η_{opt} liefert. Diese beiden Kurven begrenzen in eindeutiger Weise das Auslegungsfeld der Propeller-Turbinen-Lader-Triebwerke. Ferner sind in die Schaubilder noch die Kurven konst. Druckverhältnisse ρ_T aufgenommen. Ihr Optimum in bezug auf die Ordinate gibt die höchste bei einem bestimmten Druckverhältnis ρ_T erreichbare spez. Leistung und ihr Minimum bezüglich der Abszisse den geringsten spez. Kraftstoffverbrauch, d.h. den besten Wirkungsgrad bei einem bestimmten, festen Druckverhältnis an.

Diese Abbildungen sind ein unentbehrliches Hilfsmittel für die Auslegung der Triebwerke, weil sie einen klaren Überblick über Leistung und Wirkungsgrad in den verschiedenen durch verlangte Geschwindigkeit und Höhe bedingten Auslegungszuständen geben.

Würden die betrachteten Triebwerke bei Teillast auch mit den "Auslegungswirkungsgraden" der einzelnen Strömungsmaschinen, wie Verdichter und Turbine, arbeiten, so könnte man auch das Verhalten eines Triebwerkes gegenüber den geänderten Betriebszuständen aus den Diagrammen herauslesen. Da aber die Triebwerke bei Teil- oder Überlast im Allgemeinen mit geänderten Drehzahlen und Luftdurchsätzen fahren müssen, ändern sich die Maschinenteilwirkungsgrade nicht unerheblich und die obigen "Nennleistungsdiagramme" können dann für solche Fälle nur als Näherung angesehen werden, bei der man das wirkliche Verhalten der einzelnen Maschinengruppen nicht außer acht lassen darf, will man sich vor Trugschlüssen hüten. So scheint z.B. der untere Kurvenast der mit w_∞ als Parameter gezeichneten Muschelscharen infolge seines flachen Verlaufes auf den ersten Blick geradezu ideal für eine Regelung der Triebwerke zu sein. Einer Änderung der Leistung in weiten Grenzen würde eine nur geringe Änderung des spez. Kraftstoffverbrauches gegenüberstehen. Wie man aber an Hand der eingezeichneten ρ_T- Kurven feststellt, müßte eine solche Regelung in der Weise erfolgen, daß der Verdichter bei verringertem Durchsatz ein erhöhtes Druckverhältnis liefert. Das führt aber bekanntlich sehr schnell zum "Pumpen", so daß man von diesem Teil der Kurven, - der übrigens bei Berücksichtigung der Veränderlichkeit der Teilwirkungsgrade etwas steiler verläuft - zu Regelzwecken nur in sehr beschränktem Umfange Gebrauch machen kann. Im allgemeinen wird sich die Bewegung des "Zustandspunktes" im Diagramm beim Regeln, ausgehend vom Zustandspunkt für Nennlast, in dem durch N_{max} und γ_{opt} begrenzten Feld, aus 2 Komponenten zusammensetzen: die eine wird ungefähr dem Verlaufe der ρ_T - Linie entsprechen, die andere ungefähr senkrecht dazu den Übergang auf eine ρ_T - Linie kleineren Wertes anstreben.

Zur Kennzeichnung des genauen Verhaltens eines bestimmten Triebwerkes müssen daher Schaubilder entwickelt werden, bei deren Aufstellung die meist nur experimentell bestimmbaren Verdichter- bzw. Turbinenkennfelder Berücksichtigung finden müssen. Auch ist es dann zweckmäßig, den Propellerwirkungsgrad mit in den Ergebnissen zu berücksichtigen und als Abszisse die Gesamtleistung in PS und als Ordinate den gesamten Kraftstoffverbrauch aufzutragen, weil so auch die Änderungen im Durchsatz in Endergebnis enthalten sind.

In den Abbildungen 12 - 14 ist die spez. Leistung in PS/m^3 Ansaugluft mit der Flughöhe h als Parameter über der Fluggeschwindigkeit w_∞ aufgetragen. Diese Schaubilder enthalten ferner die Linien konstanten spez. Kraftstoffverbrauches B/N in kg/PSh.

Abbildung 14 ist für das wirkungsgradoptimale Druckverhältnis $\rho_{opt-\gamma}$ ausgelegt, Abbildung 15 für das leistungsoptimale Druckverhältnis ρ_{opt-N}.

Abbildung 16 endlich gilt für ein konstantes Druckverhältnis.

Diese drei Abbildungen geben eine für die Klärung bestimmter Fragen ebenfalls sehr praktische Zusammenstellung der Kennwerte der PTL-Triebwerke für den Fall der Nennleistung. Auch hier könnte man natürlich eine Erweiterung der Schaubilder vornehmen durch Berücksichtigung der Kennfelder der Turbomaschinen für Teillastgebiet.

4. Restschub S kp/m^3, Einfluß der Düsenausströmgeschwindigkeit w

Der Restschub geht in die Leistungsgleichung ein und bestimmt mit die Höhe von Kraftstoffverbrauch und Wirkungsgrad. Die Größe des Restschubes ist in erster Linie abhängig von der Düsenausströmgeschwindigkeit, die im vorliegenden Bericht vorgegeben ist, und zwar mit 300 m/s, bzw. mit $w_5 = w_\infty$ sobald w_∞ größer oder gleich 300 m/s wird. Es ist ohne weiteres ersichtlich, daß eine Vergrößerung von w_5 eine Vergrößerung des Schubes ergibt, und daß damit das Triebwerk mehr und mehr die Eigenschaften des Turbinenlader-Strahltriebwerks annimmt.

Die Optimal-Untersuchung über den Einfluß der Düsenausströmgeschwindigkeit auf den Restschub, und damit auf Gesamtleistung, Kraftstoffverbrauch und Wirkungsgrad wird in einem besonderen Bericht durchgeführt.

VII. Zusammenfassung

Es wurde ein Propeller-Turbinen-Lader-Triebwerk bestehend aus Luftschraube, Turboverdichter, Brennkammern und Turbine untersucht.

Für die Untersuchung wurden verschiedene Annahmen getroffen und diese eingehend begründet. Ziel der Untersuchung war die Gewinnung eines allgemeinen Überblickes über das Verhalten solcher Triebwerke verschiedener Verdichterdruckverhältnisse in verschiedenen Höhen (vom Boden bis 15 km) und bei verschiedenen Fluggeschwindigkeiten (von 0 bis 2000 km/h).

Die Resultate der Berechnungen sind in den beiliegenden Abbildungen und Tabellen zusammengestellt und im vorausgehenden Abschnitt eingehend besprochen.

Als wichtigste Ergebnisse und Folgerungen seien noch einmal hervorgehoben:

1) Der Einsatz dieser Triebwerke für höhere Geschwindigkeiten ist in erster Linie durch die heute erreichbaren Propellerwirkungsgrade begrenzt,

die für Bodennähe die optimalen Verhältnisse bei ca. 600 bis 650 km/h auftreten lassen, und Fluggeschwindigkeiten über 900 km/h unwirtschaftlich machen, während das Triebwerk selbst durchaus in der Lage wäre, bei viel höheren Geschwindigkeiten und in großen Höhen und zwar sogar noch günstiger hinsichtlich Wirkungsgrad und Leistung zu arbeiten.

Man erkennt zwei Wege, die Forderung nach besserem Wirkungsgrad und größerer eff. Vortriebsleistung auch bei höheren Geschwindigkeiten erfüllen:

Der eine verlegt die Luftschraube in einen Düsenkanal und führt damit zum eigentlichen Zweikreis-Turbinenlader-Triebwerk (ZTL-Triebwerk).

Der andere Weg führt über die immer stärkere Heranziehung des Düsenschubes zur Vortriebsleistung durch Wahl eines größeren w_5 (Strahlengeschwindigkeit in der Schubdüse) schließlich zu dem als Turbinenlader-Triebwerk ausgebildeten reinen Strahltriebwerk (TL-Triebwerk).

2) Besonderes Augenmerk wurde bei der Untersuchung darauf gelegt, Größe und Lage der Optimalwerte von Leistung und Wirkungsgrad bzw. mit letzterem zusammenfallend des spez. Kraftstoffverbrauches formelmäßig zu erfassen, so daß sie nach Annahme der zu erwartenden Maschinen (Einzel-) Wirkungsgrade usw. dem gegebenen Spezialfall entsprechend leicht bestimmt werden können. Grafische Darstellungen der unter verschiedenen Voraussetzungen gefundenen Ergebnisse erlauben eine klare Beurteilung des Einflusses der einzelnen Parameter und gestatten einen schnellen und sicheren Vergleich mit den unter gleichen Bedingungen (Fluggeschwindigkeit und Höhe) feststellbaren Eigenschaften von Triebwerken anderer Bauart, weil man eben die Optimalwerte vor sich hat.

Eine Gegenüberstellung der bei leistungsoptimaler bzw. wirkungsgradoptimaler Auslegung erzielbaren Werte lehrt:

Die Unterschiede sind am Boden und bei kleineren Geschwindigkeiten noch relativ gering. Bei Triebwerken, die für größere Höhen und größere Geschwindigkeiten bestimmt sein sollen, wird man genau überlegen müssen, auf welche der beiden Größen, Leistung oder Wirkungsgrad, entsprechend dem späteren Einsatz des Flugzeuges das Hauptgewicht gelegt werden muß. Dabei ist zu bedenken, daß die für die größeren Höhen nach der Rechnung erforderlichen $\rho_{opt-\eta}$ für die heutigen Konstruktionen noch etwas unbequem hoch liegen und, wie in 2e) erläutert, ρ_{opt-N} und $\rho_{opt-\eta}$ sehr stark von der Größe der Verdichtungs- und Turbinenwirkungsgrade beeinflußt werden. Außerdem soll ja das Triebwerk, damit es schnell die vorgesehene Flughöhe steigen kann, auch zwischen dieser und dem Boden mit möglichst guten Werten arbeiten.

Im großen und ganzen wird man sich also, wenn das Hauptgewicht auf guten Wirkungsgrad gelegt werden soll, für die Einhaltung eines geeigneten Mittelwertes zwischen f_{opt-N} und $f_{opt-\eta}$ entschließen müssen.

3) Sehr großer Wert wurde bei der Untersuchung, wie schon erwähnt, darauf gelegt, die Einflüsse der Parameter auf die Ergebnisse abzuschätzen.

Außer Fluggeschwindigkeit und Höhe sowie dem erwähnten Einfluß des Verdichterwirkungsgrades hat danach einen beachtenswerten Einfluß auch noch die Einlaufgeschwindigkeit w_1: Auch hier muß man bei der Auslegung einen Mittelweg beschreiten, um einerseits die Stirnfläche des Triebwerks nicht zu groß bauen zu müssen, was einen entsprechend hohen Luftwiderstand bedingt und andererseits die Verluste durch eine zu hoch angesetzte Geschwindigkeit w_1 zu vermeiden.

Die Untersuchung über den Einfluß des Stauwirkungsgrades ergab, daß die heute erreichbaren Werte durchaus befriedigende Ergebnisse liefern, sofern es sich um Unterschallflugzeuggeschwindigkeiten handelt.

Die Gestaltung einer im Unterschallgebiet und nach Überschreitung desselben auch im Überschall mit gleich günstigen Werten arbeitenden Einlaufdüse ist für Hochgeschwindigkeitsflugzeuge jedoch von großer Bedeutung.

4) Für die Weiterentwicklung des PTL-Triebwerks ist die Luftschraubenfrage ein wichtiges Problem. Sollten sich die Meldungen aus den USA bestätigen, wonach Überschallschrauben bis Machzahl 1,5 entwickelt werden und gute Wirkungsgrade erreichen, so wird der Verwendungsbereich des PTL-Triebwerks auch in das Gebiet der hohen Fluggeschwindigkeiten verlagert, das bisher dem reinen Turbinenlader-Strahltriebwerk vorbehalten war. Außer dem günstigeren Kraftstoffverbrauch beim PTL-Triebwerk ergibt sich dem reinen Turbinenlader-Strahltriebwerk gegenüber noch der Vorteil des hohen Startschubes der Luftschraube.

Je mehr allerdings bei höheren Fluggeschwindigkeiten der Propellerwirkungsgrad abfällt, um so ungünstiger wird die Umsetzung der Wellenleistung in Vortriebsleistung über die Luftschraube, und um so stärker tritt der Einfluß des Strahlschubs der Turbinenabgase auf die Leistungs- und Wirkungsgradbilanz des Triebwerks in Erscheinung.

Es ergibt sich also die Forderung, daß mit fallendem Propellerwirkungsgrad der Schub der Abgase erhöht werden muß, da die Strahlleistung im höheren Geschwindigkeitsbereich unter besseren Wirkungsgraden erzeugt werden kann, als dies bei der Luftschraube der Fall ist. Diese Forderung führt bei gleichbleibendem Luftdurchsatz im inneren (Verbrennungskreis) zur Erhöhung der Strahlgeschwindigkeiten der Abgase und damit zur Untersuchung der optimalen Gasausströmgeschwindigkeiten bei veränderlichen Propellerwirkungsgraden.

Da im vorliegenden Bericht die Gasausströmgeschwindigkeiten bereichsweise als konstant angesetzt wurden, ergeben sich für PTL-Triebwerke mit vorgegebenen konstanten Gasausströmgeschwindigkeiten ganz klare Grenzen hinsichtlich Leistung und Wirkungsgrad.

Unter Berücksichtigung des Wirkungsgradabfalls der Luftschraube im höheren Geschwindigkeitsbereich ergeben sich zwei klare Entwicklungstendenzen für Zweikreistriebwerke:

a) PTL-Triebwerke mit optimalen Gasausströmgeschwindigkeiten
b) Zweikreis-Turbolader-Strahltriebwerke

In beiden Fällen müssen Verbrennungskreis und Impulskreis genau aufeinander abgestimmt werden, damit optimale Leistungen und Wirkungsgrade erreicht werden können.

Dr.-Ing. Johann ENDRES
Dozent für Luftfahrttriebwerke
an der Technischen Hochschule München

Dr.-Ing. Gustav HIEBEL
Sachbearbeiter
Fürstenfeldbruck

VIII. Anhang

1. Berechnungstabellen 1-7

Tabelle 1

$\varphi_{opt-N} = f(W_\infty)$

h	W_∞	φ	φ_o	φ_T	S	N	$\frac{B}{N}$	η_{ges}	W_∞	$\overline{N}$	$\overline{\eta}_{ges}$
km	km/h	-	-	-	kp/m^3	PS/m^3	kg/PSh	%	km/h	PS/m^3	%
0	0	7,04	7,04	5,33	36,7	208,5	0,3717	16,51	0	0	0
0	300	6,77	6,88	5,34	27,5	252,0	0,3162	19,4	300	171,0	13,6
0	600	6,04	6,47	5,35	18,4	306,0	0,289	21,3	400	209,0	15,61
0	1000	4,72	5,58	5,38	4,5	384,4	0,2682	22,86	500	237,0	16,94
0	1200	4,0	4,96	5,12	1,2	441,4	0,2631	23,31	600	255,0	17,45
0	1400	3,4	4,4	4,75	1,5	511,3	0,2567	23,9	700	257,6	17,26
0	1600	2,812	3,785	4,33	2	606,9	0,2486	24,7	800	244,3	15,75
0	1800	2,28	3,1	3,85	2,7	722,5	0,242	25,4	900	195,5	12,6
0	2000	1,864	2,504	3,45	3,4	868,2	0,234	26,25	1000	126,8	7,54

Tabelle 2

$\varphi_{opt-N} = f(h)$

$W_\infty = 1000$ km/h

h	φ	φ_o	φ_T	S	N	$\frac{B}{N}$	η_{ges}
km	-	-	-	kp/m^3	PS/m^3	kg/PSh	%
0	4,72	5,58	5,38	4,46	384,4	0,2682	22,86
5	5,615	5,78	6,6	2,73	277,1	0,2382	25,75
10	6,07	5,28	7,52	1,63	190,04	0,2145	28,63
15	6,182	5,21	7,7	0,775	92,1	0,211	29,20
20	6,182	5,21	7,7	0,35	42,0	0,211	29,20

Tabelle 3

$\varphi_{opt-N} = f(w_1)$ h = 0 km; w_∞ = 1000 km/h							
w_1 m/s	φ -	φ_T -	S kp/m^3	N PS/m^3	$\frac{B}{N}$ kg/PSh	η_{ges} %	$\frac{N}{F}$ $PS/m^3 dm^2$
0	4,495	5,385	4,5	410,1	0,2605	23,55	0
100	4,72	5,38	4,46	384,4	0,2682	22,86	384,42
200	5,45	5,37	3,95	318,6	0,294	20,86	637,26
300	7,08	5,3	3,3	219,2	0,351	17,48	657,6

Tabelle 4

$\varphi_{opt-\eta} = f(w_\infty)$										
h km	w_∞ km/h	φ -	φ_o -	φ_T -	S kp/m^3	N PS/m^3	$\frac{B}{N}$ kg/PSh	η_{ges} %	$\Delta\eta = \eta_{max} - \eta_{N_{max}}$ %	$\Delta N = N_{\eta\,max} - N_{max}$ PS/m^3
0	0	10,09	10,09	7,5	36,05	195,3	0,36	17,05	0,54	-13,2
0	300	10,36	10,65	8,02	27,36	235,9	0,302	20,33	0,93	-16,1
0	600	9,8	10,66	8,47	18,52	286,0	0,265	22,53	1,23	-20,0
0	1000	7,64	9,36	8,53	4,325	358,5	0,2524	24,32	1,46	-25,9
0	1200	6,67	8,78	8,32	0,95	409,2	0,247	24,87	1,56	-32,2
0	1400	5,92	8,4	7,95	1,23	466,4	0,241	25,56	1,65	-43
0	1600	5,12	7,83	7,48	1,56	547,25	0,2326	26,4	1,71	-59,61
0	1800	4,43	7,25	6,9	2,03	637,5	0,2265	27,12	1,74	-84,97
0	2000	3,83	6,68	6,3	2,63	753,5	0,218	28,02	1,77	-114,74

Tabelle 5

$\varphi_{opt-\eta} = f(h)$
$w_\infty = 1000$ km/h

h km	w km/h	φ -	φ_o -	φ_T -	S kp/m^3	N PS/m^3	$\frac{B}{N}$ kg/PSh	η_{ges} %	Δ N PS/m^3	$\Delta\eta$ %
0	1000	7,64	9,38	8,53	4,33	259,0	0,252	24,32	-25,9	1,46
5	1000	9,8	10,16	11,25	2,67	257,5	0,223	27,57	-19,61	1,82
10	1000	13,43	11,24	16,03	1,57	172,7	0,197	31,2	-17,33	2,57
15	1000	14,32	11,42	17,2	0,74	83,8	0,191	32,1	- 8,26	2,9
20	1000	14,32	11,42	17,2	0,34	38,4	0,191	32,1	- 3,6	2,9

Tabelle 6

$\varphi_{opt-\eta} = f(\eta_{pol\ St})$
h = 0 km; w_∞ = 1000 km/h

$\eta_{pol\ St}$	φ -	φ_T -	S kp/m^3	N PS/m^3	$\frac{B}{N}$ kg/PSh	η_{ges} %
0,90	7,6	8,42	4,32	352	0,255	24,08
0,92	7,64	8,53	4,33	359	0,252	24,32
0,94	7,65	8,63	4,37	365,5	0,25	24,58
0,96	7,67	8,69	4,4	371,5	0,248	24,78
1,0	7,612	8,76	4,47	379,9	0,246	25,0

Tabelle 7

$\varphi_{opt-\eta} = f(\eta_{pol\ V})$
h = 0 kg; w = 1000 km/h

$\eta_{pol\ V}$	φ -	φ_T -	S kp/m^3	N PS/m^3	$\frac{B}{N}$ kg/PSh	η_{ges} %
0,7	3,59	4,13	4,43	254,4	0,40	15,34
0,8	5,48	6,21	4,35	311,6	0,305	20,12
0,88	7,64	8,53	4,33	359	0,252	24,32

2. Abbildungen 3 - 16 (Schaubilder)

Additional material from *Berechung der optimalen Leistungen Kraftstoffverbrauche und, Wirkungsgrade von Luftfahrt -Gasturbinen Triebwerken am Boden und in der Hohe bei Fluggeschwindigkeiten von 0-200 km/h und vorgegebenen Dusenausstromgeschwindig-keiten,* ISBN 978-3-663-03213-7, is available at http://extras.springer.com

EXTRA
MATERIALS
extras.springer.com

FORSCHUNGSBERICHTE
DES WIRTSCHAFTS- UND VERKEHRSMINISTERIUMS
NORDRHEIN-WESTFALEN

Herausgegeben von Staatssekretär Prof. Dr. h. c. Leo Brandt

HEFT 1
Prof. Dr.-Ing. E. Flegler, Aachen
Untersuchungen oxydischer Ferromagnet-Werkstoffe
1952, 20 Seiten, DM 6,75

HEFT 2
Prof. Dr. W. Fuchs, Aachen
Untersuchungen über absatzfreie Teeröle
1952, 32 Seiten, 5 Abb., 6 Tabellen, DM 10,—

HEFT 3
Techn.-Wissenschaftl. Büro für die Bastfaserindustrie, Bielefeld
Untersuchungsarbeiten zur Verbesserung des Leinenwebstuhls
1952, 44 Seiten, 7 Abb., 3 Tabellen, DM 12,50

HEFT 4
Prof. Dr. E. A. Müller und Dipl.-Ing. H. Spitzer, Dortmund
Untersuchungen über die Hitzebelastung in Hüttenbetrieben
1952, 28 Seiten, 5 Abb., 1 Tabelle, DM 9,—

HEFT 5
Dipl.-Ing. W. Fister, Aachen
Prüfstand der Turbinenuntersuchungen
1952, 40 Seiten, 30 Abb., 3 Schaltbilder, DM 1,—

HEFT 6
Prof. Dr. W. Fuchs, Aachen
Untersuchungen über die Zusammensetzung und Verwendbarkeit von Schwelteerfraktionen
1952, 36 Seiten, DM 10,50

HEFT 7
Prof. Dr. W. Fuchs, Aachen
Untersuchungen über emsländisches Petrolatum
1952, 36 Seiten, 1 Abb., 17 Tabellen, DM 10,50

HEFT 8
M. E. Meffert und H. Stratmann, Essen
Algen-Großkulturen im Sommer 1951
1953, 52 Seiten, 4 Abb., 20 Tabellen, DM 9,75

HEFT 9
Techn.-Wissenschaftl. Büro für die Bastfaserindustrie, Bielefeld
Untersuchungen über die zweckmäßige Wicklungsart von Leinengarnkreuzspulen unter Berücksichtigung der Anwendung hoher Geschwindigkeiten des Garnes
Vorversuche für Zetteln und Schären von Leinengarnen auf Hochleistungsmaschinen
1952, 48 Seiten, 7 Abb., 7 Tabellen, DM 9,25

HEFT 10
Prof. Dr. W. Vogel, Köln
„Das Streifenpaar" als neues System zur mechanischen Vergrößerung kleiner Verschiebungen und seine technischen Anwendungsmöglichkeiten
1953, 20 Seiten, 6 Abb., DM 4,50

HEFT 11
Laboratorium für Werkzeugmaschinen und Betriebslehre, Technische Hochschule Aachen
1. Untersuchungen über Metallbearbeitung im Fräsvorgang mit Hartmetallwerkzeugen und negativem Spanwinkel
2. Weiterentwicklung des Schleifverfahrens für die Herstellung von Präzisionswerkstücken unter Vermeidung hoher Temperaturen
3. Untersuchung von Oberflächenveredlungsverfahren zur Steigerung der Belastbarkeit hochbeanspruchter Bauteile
1953, 80 Seiten, 61 Abb., DM 15,75

HEFT 12
Elektrowärme-Institut, Langenberg (Rhld.)
Induktive Erwärmung mit Netzfrequenz
1952, 22 Seiten, 6 Abb., DM 5,20

HEFT 13
Techn.-Wissenschaftl. Büro für die Bastfaserindustrie, Bielefeld
Das Naßspinnen von Bastfasergarnen mit chemischen Zusätzen zum Spinnbad
1953, 52 Seiten, 4 Abb., 19 Tabellen, DM 10,—

HEFT 14
Forschungsstelle für Acetylen, Dortmund
Untersuchungen über Aceton als Lösungsmittel für Acetylen
1952, 64 Seiten, 10 Abb., 26 Tabellen, DM 12,25

HEFT 15
Wäschereiforschung Krefeld
Trocknen von Wäschestoffen
1953, 48 Seiten, 14 Abb., 2 Tabellen, DM 9,—

HEFT 16
Max-Planck-Institut für Kohlenforschung, Mülheim a. d. Ruhr
Arbeiten des MPI für Kohlenforschung
1953, 104 Seiten, 9 Abb., DM 17,80

HEFT 17
Ingenieurbüro Herbert Stein, M.-Gladbach
Untersuchung der Verzugsvorgänge in den Streckwerken verschiedener Spinnereimaschinen. 1. Bericht: Vergleichende Prüfung mit verschiedenen Dickenmeßgeräten
1952, 36 Seiten, 15 Abb., DM 8,—

HEFT 18
Wäschereiforschung Krefeld
Grundlagen zur Erfassung der chemischen Schädigung beim Waschen
1953, 68 Seiten, 15 Abb., 15 Tabellen, DM 12,75

HEFT 19
Techn.-Wissenschaftl. Büro für die Bastfaserindustrie, Bielefeld
Die Auswirkung des Schlichtens von Leinengarnketten auf den Verarbeitungswirkungsgrad, sowie die Festigkeit und Dehnungsverhältnisse der Garne und Gewebe
1953, 48 Seiten, 1 Abb., 9 Tabellen, DM 9,—

HEFT 20
Techn.-Wissenschaftl. Büro für die Bastfaserindustrie, Bielefeld
Trocknung von Leinengarnen I
Vorgang und Einwirkung auf die Garnqualität
1953, 62 Seiten, 18 Abb., 5 Tabellen, DM 12,—

HEFT 21
Techn.-Wissenschaftl. Büro für die Bastfaserindustrie, Bielefeld
Trocknung von Leinengarnen II
Spulenanordnung und Luftführung beim Trocknen von Kreuzspulen
1953, 66 Seiten, 22 Abb., 9 Tabellen, DM 13,—

HEFT 22
Techn.-Wissenschaftl. Büro für die Bastfaserindustrie, Bielefeld
Die Reparaturanfälligkeit von Webstühlen
1953, 28 Seiten, 7 Abb., 5 Tabellen, DM 5,80

HEFT 23
Institut für Starkstromtechnik, Aachen
Rechnerische und experimentelle Untersuchungen zur Kenntnis der Metadyne als Umformer von konstanter Spannung auf konstanten Strom
1953, 52 Seiten, 20 Abb., 4 Tafeln, DM 9,75

HEFT 24
Institut für Starkstromtechnik, Aachen
Vergleich verschiedener Generator-Metadyne-Schaltungen in bezug auf statisches Verhalten
1952, 44 Seiten, 23 Abb., DM 8,50

HEFT 25
Gesellschaft für Kohlentechnik mbH., Dortmund-Eving
Struktur der Steinkohlen und Steinkohlen-Kokse
1953, 58 Seiten, DM 11,—

HEFT 26
Techn.-Wissenschaftl. Büro für die Bastfaserindustrie, Bielefeld
Vergleichende Untersuchungen zweier neuzeitlicher Ungleichmäßigkeitsprüfer für Bänder und Garne hinsichtlich ihrer Eignung für die Bastfaserspinnerei
1953, 64 Seiten, 30 Abb., DM 12,50

HEFT 27
Prof. Dr. E. Schratz, Münster
Untersuchungen zur Rentabilität des Arzneipflanzenanbaues Römische Kamille, Anthemis nobilis L.
1953, 16 Seiten, 1 Tabelle, DM 3,60

HEFT 28
Prof. Dr. E. Schratz, Münster
Calendula officinalis L. Studien zur Ernährung, Blütenfüllung und Rentabilität der Drogengewinnung
1953, 24 Seiten, 2 Abb., 3 Tabellen, DM 5,20

HEFT 29
Techn.-Wissenschaftl. Büro für die Bastfaserindustrie, Bielefeld
Die Ausnützung der Leinengarne in Geweben
1953, 100 Seiten, 14 Abb., 10 Tabellen, DM 17,80

HEFT 30
Gesellschaft für Kohlentechnik mbH., Dortmund-Eving
Kombinierte Entaschung und Verschwelung von Steinkohle; Aufarbeitung von Steinkohlenschlämmen zu verkokbarer oder verschwelbarer Kohle
1953, 56 Seiten, 16 Abb., 10 Tabellen, DM 10,50

HEFT 31
Dipl.-Ing. A. Stormanns, Essen
Messung des Leistungsbedarfs von Doppelsteg-Kettenförderern
1954, 54 Seiten, 18 Abb., 3 Anlagen, DM 11,—

HEFT 32
Techn.-Wissenschaftl. Büro für die Bastfaserindustrie, Bielefeld
Der Einfluß der Natriumchloridbleiche auf Qualität und Verwebbarkeit von Leinengarnen und die Eigenschaften der Leinengewebe unter besonderer Berücksichtigung des Einsatzes von Schützen- und Spulenwechselautomaten in der Leinenweberei
1953, 64 Seiten, 2 Abb., 12 Tabellen, DM 11,50

HEFT 33
Kohlenstoffbiologische Forschungsstation e. V.
Eine Methode zur Bestimmung von Schwefeldioxyd und Schwefelwasserstoff in Rauchgasen und in der Atmosphäre
1953, 32 Seiten, 8 Abb., 3 Tabellen, DM 6,50

HEFT 34
Textilforschungsanstalt Krefeld
Quellungs- und Entquellungsvorgänge bei Faserstoffen
1953, 52 Seiten, 13 Abb., 13 Tabellen, DM 9,80

SPRINGER FACHMEDIEN WIESBADEN GMBH

HEFT 35
Professor Dr. W. Kast, Krefeld
Feinstrukturuntersuchungen an künstlichen Zellulosefasern verschiedener Herstellungsverfahren. Teil I: Der Orientierungszustand
1953, 74 Seiten, 30 Abb., 7 Tabellen, DM 13,80

HEFT 36
Forschungsinstitut der feuerfesten Industrie, Bonn
Untersuchungen über die Trocknung von Rohton
Untersuchungen über die chemische Reinigung von Silika- und Schamotte-Rohstoffen mit chlorhaltigen Gasen
1953, 60 Seiten, 5 Abb., 5 Tabellen, DM 11,—

HEFT 37
Forschungsinstitut der feuerfesten Industrie, Bonn
Untersuchungen über den Einfluß der Probenvorbereitung auf die Kaltdruckfestigkeit feuerfester Steine
1953, 40 Seiten, 2 Abb., 5 Tabellen, DM 7,80

HEFT 38
Forschungsstelle für Acetylen, Dortmund
Untersuchungen über die Trocknung von Acetylen zur Herstellung von Dissousgas
1953, 36 Seiten, 11 Abb., 3 Tabellen, DM 6,80

HEFT 39
Forschungsgesellschaft Blechverarbeitung e. V., Düsseldorf
Untersuchungen an prägegemusterten und vorgelochten Blechen
1953, 46 Seiten, 34 Abb., DM 9,50

HEFT 40
Landesgeologe Dr.-Ing. W. Wolff, Amt für Bodenforschung, Krefeld
Untersuchungen über die Anwendbarkeit geophysikalischer Verfahren zur Untersuchung von Spateisengängen im Siegerland
1953, 46 Seiten, 8 Abb., DM 8,80

HEFT 41
Techn.-Wissenschaftl. Büro für die Bastfaserindustrie, Bielefeld
Untersuchungsarbeiten zur Verbesserung des Leinenwebstuhles II
1953, 40 Seiten, 4 Abb., 5 Tabellen, DM 7,80

HEFT 42
Professor Dr. B. Helferich, Bonn
Untersuchungen über Wirkstoffe — Fermente — in der Kartoffel und die Möglichkeit ihrer Verwendung
1953, 58 Seiten, 9 Abb., DM 11,—

HEFT 43
Forschungsgesellschaft Blechverarbeitung e. V., Düsseldorf
Forschungsergebnisse über das Beizen von Blechen
1953, 48 Seiten, 38 Abb., 2 Tabellen, DM 11,30

HEFT 44
Arbeitsgemeinschaft für praktische Dehnungsmessung, Düsseldorf
Eigenschaften und Anwendungen von Dehnungsmeßstreifen
1953, 68 Seiten, 43 Abb., 2 Tabellen, DM 13,70

HEFT 45
Losenhausenwerk Düsseldorfer Maschinenbau AG., Düsseldorf
Untersuchungen von störenden Einflüssen auf die Lastgrenzenanzeige von Dauerschwingprüfmaschinen
1953, 36 Seiten, 11 Abb., 3 Tabellen, DM 7,25

HEFT 46
Prof. Dr. W. Fuchs, Aachen
Untersuchungen über die Aufbereitung von Wasser für die Dampferzeugung in Benson-Kesseln
1953, 58 Seiten, 18 Abb., 9 Tabellen, DM 11,20

HEFT 47
Prof. Dr.-Ing. K. Krekeler, Aachen
Versuche über die Anwendung der induktiven Erwärmung zum Sintern von hochschmelzenden Metallen sowie zur Anlegierung und Vergütung von aufgespritzten Metallschichten mit dem Grundwerkstoff
1954, 66 Seiten, 39 Abb., DM 13,90

HEFT 48
Max-Planck-Institut für Eisenforschung, Düsseldorf
Spektrochemische Analyse der Gefügebestandteile in Stählen nach ihrer Isolierung
1953, 38 Seiten, 8 Abb., 5 Tabellen, DM 7,80

HEFT 49
Max-Planck-Institut für Eisenforschung, Düsseldorf
Untersuchungen über Ablauf der Desoxydation und die Bildung von Einschlüssen in Stählen
1953, 52 Seiten, 19 Abb., 3 Tabellen, DM 12,40

HEFT 50
Max-Planck-Institut für Eisenforschung, Düsseldorf
Flammenspektralanalytische Untersuchung der Ferritzusammensetzung in Stählen
1953, 44 Seiten, 15 Abb., 4 Tabellen, DM 8,60

HEFT 51
Verein zur Förderung von Forschungs- und Entwicklungsarbeiten in der Werkzeugindustrie e. V., Remscheid
Untersuchungen an Kreissägeblättern für Holz, Fehler- und Spannungsprüfverfahren
1953, 50 Seiten, 23 Abb., DM 10,—

HEFT 52
Forschungsstelle für Acetylen, Dortmund
Untersuchungen über den Umsatz bei der explosiblen Zersetzung von Azetylen
a) Zersetzung von gasförmigem Azetylen
b) Zersetzung von an Silikagel absorbiertem Azetylen
1954, 48 Seiten, 8 Abb., 10 Tabellen, DM 9,25

HEFT 53
Professor Dr.-Ing. H. Opitz, Aachen
Reibwert und Verschleißmessungen an Kunststoffgleitführungen für Werkzeugmaschinen
1954, 38 Seiten, 18 Abb., DM 8,20

HEFT 54
Professor Dr.-Ing. F. A. F. Schmidt, Aachen
Schaffung von Grundlagen für die Erhöhung der spez. Leistung und Herabsetzung des spez. Brennstoffverbrauches bei Ottomotoren mit Teilbericht über Arbeiten an einem neuen Einspritzverfahren
1954, 34 Seiten, 15 Abb., DM 7,40

HEFT 55
Forschungsgesellschaft Blechverarbeitung e. V., Düsseldorf
Chemisches Glänzen von Messing und Neusilber
1954, 50 Seiten, 21 Abb., 1 Tabelle, DM 10,20

HEFT 56
Forschungsgesellschaft Blechverarbeitung e. V., Düsseldorf
Untersuchungen über einige Probleme der Behandlung von Blechoberflächen
1954, 52 Seiten, 42 Abb., DM 11,20

HEFT 57
Prof. Dr.-Ing. F. A. F. Schmidt, Aachen
Untersuchungen zur Erforschung des Einflusses des chemischen Aufbaues des Kraftstoffes auf sein Verhalten im Motor und in Brennkammern von Gasturbinen
1954, 70 Seiten, 32 Abb., DM 14,60

HEFT 58
Gesellschaft für Kohlentechnik mbH., Dortmund
Herstellung und Untersuchung von Steinkohlenschwelteer
1954, 74 Seiten, 9 Abb., 9 Tabellen, DM 13,75

HEFT 59
Forschungsinstitut der Feuerfest-Industrie e. V., Bonn
Ein Schnellanalysenverfahren zur Bestimmung von Aluminiumoxyd, Eisenoxyd und Titanoxyd in feuerfestem Material mittels organischer Farbreagenzien auf photometrischem Wege
Untersuchungen des Alkali-Gehaltes feuerfester Stoffe mit dem Flammenphotometer nach Riehm-Lange
1954, 62 Seiten, 12 Abb., 3 Tabellen, DM 11,60

HEFT 60
Forschungsgesellschaft Blechverarbeitung e. V., Düsseldorf
Untersuchungen über das Spritzlackieren im elektrostatischen Hochspannungsfeld
1954, 82 Seiten, 53 Abb., 7 Tabellen, DM 17,—

HEFT 61
Verein zur Förderung von Forschungs- und Entwicklungsarbeiten in der Werkzeugindustrie e. V., Remscheid
Schwingungs- und Arbeitsverhalten von Kreissägeblättern für Holz
1954, 54 Seiten, 31 Abb., DM 11,40

HEFT 62
Professor Dr. W. Franz, Institut für theoretische Physik der Universität Münster
Berechnung des elektrischen Durchschlags durch feste und flüssige Isolatoren
1954, 36 Seiten, DM 7,—

HEFT 63
Textilforschungsanstalt Krefeld
Neue Methoden zur Untersuchung der Wirkungsweise von Textilhilfsmitteln
Untersuchungen über Schlichtungs- und Entschlichtungsvorgänge
1954, 34 Seiten, 1 Abb., 5 Tabellen, DM 6,80

HEFT 64
Textilforschungsanstalt Krefeld
Die Kettenlängenverteilung von hochpolymeren Faserstoffen
Über die fraktionierte Fällung von Polyamiden
1954, 44 Seiten, 13 Abb., DM 8,60

HEFT 65
Fachverband Schneidwarenindustrie, Solingen
Untersuchungen über das elektrolytische Polieren von Tafelmesserklingen aus rostfreiem Stahl
1954, 90 Seiten, 38 Abb., 9 Tabellen, DM 17,35

HEFT 66
Dr.-Ing. P. Füsgen VDI †, Düsseldorf
Untersuchungen über das Auftreten des Ratterns bei selbsthemmenden Schneckengetrieben und seine Verhütung
1954, 32 Seiten, 5 Abb., DM 6,60

HEFT 67
Heinrich Wösthoff o. H. G., Apparatebau, Bochum
Entwicklung einer chemisch-physikalischen Apparatur zur Bestimmung kleinster Kohlenoxyd-Konzentrationen
1954, 94 Seiten, 48 Abb., 2 Tabellen, DM 18,25

HEFT 68
Kohlenstoffbiologische Forschungsstation e. V., Essen
Algengroßkulturen im Sommer 1952
II. Über die unsterile Großkultur von Scenedesmus obliquus
1954, 62 Seiten, 3 Abb., 29 Tabellen, DM 11,40

HEFT 69
Wäschereiforschung Krefeld
Bestimmung des Faserabbaues bei Leinen unter besonderer Berücksichtigung der Leinengarnbleiche
1954, 48 Seiten, 15 Abb., 3 Tabellen, DM 9,60

HEFT 70
Wäschereiforschung Krefeld
Trocknen von Wäschestoffen
1954, 52 Seiten, 18 Abb., 3 Tabellen, DM 10,—

HEFT 71
Prof. Dr.-Ing. K. Leist, Aachen
Kleingasturbinen, insbesondere zum Fahrzeugantrieb
1954, 114 Seiten, 85 Abb., DM 22,—

HEFT 72
Prof. Dr.-Ing. K. Leist, Aachen
Beitrag zur Untersuchung von stehenden geraden Turbinengittern mit Hilfe von Druckverteilungsmessungen
1954, 152 Seiten, 111 Abb., DM 36,20

HEFT 73
Prof. Dr.-Ing. K. Leist, Aachen
Spannungsoptische Untersuchungen von Turbinenschaufelfüßen
1954, 66 Seiten, 46 Abb., 2 Tabellen, DM 14,60

HEFT 74
Max-Planck-Institut für Eisenforschung, Düsseldorf
Versuche zur Klärung des Umwandlungsverhaltens eines sonderkarbidbildenden Chromstahls
1954, 58 Seiten, 10 Abb., DM 14,—

HEFT 75
Max-Planck-Institut für Eisenforschung, Düsseldorf
Zeit-Temperatur-Umwandlungs-Schaubilder als Grundlage der Wärmebehandlung der Stähle
1954, 44 Seiten, 13 Abb., DM 8,70

HEFT 76
Max-Planck-Institut für Arbeitsphysiologie, Dortmund
Arbeitstechnische und arbeitsphysiologische Rationalisierung von Mauersteinen
1954, 52 Seiten, 12 Abb., 3 Tabellen, DM 10,20

HEFT 77
Meteor Apparatebau Paul Schmeck GmbH., Siegen
Entwicklung von Leuchtstoffröhren hoher Leistung
1954, 46 Seiten, 12 Abb., 2 Tabellen, DM 9,15

HEFT 78
Forschungsstelle für Acetylen, Dortmund
Über die Zustandsgleichung des gasförmigen Acetylens und das Gleichgewicht Acetylen — Aceton
1954, 42 Seiten, 3 Abb., 8 Tabellen, DM 8,—

HEFT 79
Techn.-Wissenschaftl. Büro für die Bastfaserindustrie, Bielefeld
Trocknung von Leinengarnen III
Spinnspulen- und Spinnkopstrocknung
Vorgang und Einwirkung auf die Garnqualität
1954, 74 Seiten, 18 Abb., 10 Tabellen, DM 14,—

SPRINGER FACHMEDIEN WIESBADEN GMBH

HEFT 80
Techn.-Wissenschaftl. Büro für die Bastfaserindustrie, Bielefeld
Die Verarbeitung von Leinengarn auf Webstühlen mit und ohne Oberbau
1954, 30 Seiten, 2 Abb., 2 Tabellen, DM 6,—

HEFT 81
Prüf- und Forschungsinstitut für Ziegeleierzeugnisse, Essen-Kray
Die Einführung des großformatigen Einheits-Gitterziegels im Lande Nordrhein-Westfalen
1954, 54 Seiten, 2 Abb., 2 Tabellen, DM 10,—

HEFT 82
Vereinigte Aluminium-Werke AG., Bonn
Forschungsarbeiten auf dem Gebiet der Veredelung von Aluminium-Oberflächen
1954, 46 Seiten, 34 Abb., DM 9,60

HEFT 83
Prof. Dr. S. Strugger, Münster
Über die Struktur der Proplastiden
1954, 30 Seiten, 15 Abb., DM 8,40

HEFT 84
Dr. H. Baron, Düsseldorf
Über Standardisierung von Wundtextilien
1954, 32 Seiten, DM 6,40

HEFT 85
Textilforschungsanstalt Krefeld
Physikalische Untersuchungen an Fasern, Fäden, Garnen und Geweben:
Untersuchungen am Knickscheuergerät nach Weltzien
1954, 40 Seiten, 11 Abb., 8 Tabellen, DM 10,—

HEFT 86
Prof. Dr.-Ing. H. Opitz, Aachen
Untersuchungen über das Fräsen von Baustahl sowie über den Einfluß des Gefüges auf die Zerspanbarkeit
1954, 108 Seiten, 73 Abb., 7 Tabellen, DM 22,—

HEFT 87
Gemeinschaftsausschuß Verzinken, Düsseldorf
Untersuchungen über Güte von Verzinkungen
1954, 68 Seiten, 56 Abb., 3 Tabellen, DM 15,30

HEFT 88
Gesellschaft für Kohlentechnik mbH., Dortmund-Eving
Oxydation von Steinkohle mit Salpetersäure
1954, 62 Seiten, 2 Abb., 1 Tabelle, DM 11,50

HEFT 89
Verein Deutscher Ingenieure, Gleitlagerforschung, Düsseldorf und Prof. Dr.-Ing. G. Vogelpohl, Göttingen
Versuche mit Preßstoff-Lagern für Walzwerke
1954, 70 Seiten, 34 Abb., DM 14,10

HEFT 90
Forschungs-Institut der Feuerfest-Industrie, Bonn
Das Verhalten von Silikasteinen im Siemens-Martin-Ofengewölbe
1954, 62 Seiten, 15 Abb., 11 Tabellen, DM 11,90

HEFT 91
Forschungs-Institut der Feuerfest-Industrie, Bonn
Untersuchungen des Zusammenhangs zwischen Leistung und Kohlenverbrauch von Kammeröfen zum Brennen von feuerfesten Materialien
1954, 42 Seiten, 6 Abb., DM 8,30

HEFT 92
Techn.-Wissenschaftl. Büro für die Bastfaserindustrie, Bielefeld und Laboratorium für textile Meßtechnik, M.-Gladbach
Messungen von Vorgängen am Webstuhl
1954, 76 Seiten, 45 Abb., DM 15,50

HEFT 93
Prof. Dr. W. Kast, Krefeld
Spinnversuche zur Strukturerfassung künstlicher Zellulosefasern
1954, 82 Seiten, 39 Abb., 6 Tabellen, DM 16,—

HEFT 94
Prof. Dr. G. Winter, Bonn
Die Heilpflanzen des MATTHIOLUS (1611) gegen Infektionen der Harnwege und Verunreinigung der Wunden bzw. zur Förderung der Wundheilung im Lichte der Antibiotikaforschung
1954, 58 Seiten, 1 Abb., 2 Tabellen, DM 11,50

HEFT 95
Prof. Dr. G. Winter, Bonn
Untersuchungen über die flüchtigen Antibiotika aus der Kapuziner- (Tropaeolum maius) und Gartenkresse (Lepidium sativum) und ihr Verhalten im menschlichen Körper bei Aufnahme von Kapuziner- bzw. Gartenkressensalat per os
1955, 74 Seiten, 9 Abb., 25 Tabellen, DM 14,—

HEFT 96
Dr.-Ing. P. Koch, Dortmund
Austritt von Exoelektronen aus Metalloberflächen unter Berücksichtigung der Verwendung des Effektes für die Materialprüfung
1954, 34 Seiten, 13 Abb., DM 7,—

HEFT 97
Ing. H. Stein, Laboratorium für textile Meßtechnik, M.-Gladbach
Untersuchung der Verzugsvorgänge an den Streckwerken verschiedener Spinnereimaschinen
2. Bericht: Ermittlung der Haft-Gleiteigenschaften von Faserbändern und Vorgarnen
1955, 98 Seiten, 54 Abb., DM 21,—

HEFT 98
Fachverband Gesenkschmieden, Hagen
Die Arbeitsgenauigkeit beim Gesenkschmieden unter Hämmern
1955, 132 Seiten, 55 Abb., 9 Tabellen, DM 24,75

HEFT 99
Prof. Dr.-Ing. G. Garbotz, Aachen
Der Kraft- und Arbeitsaufwand sowie die Leistungen beim Biegen von Bewehrungsstählen in Abhängigkeit von den Abmessungen, den Formen und der Güte der Stähle (Ermittlung von Leistungsrichtlinien)
1955, 136 Seiten, 53 Abb., 3 Anlagen, 18 Tabellen, DM 30,—

HEFT 100
Prof. Dr.-Ing. H. Opitz, Aachen
Untersuchungen von elektrischen Antrieben, Steuerungen und Regelungen an Werkzeugmaschinen
1955, 166 Seiten, 71 Abb., 3 Tabellen, DM 31,30

HEFT 101
Prof. Dr.-Ing. H. Opitz, Aachen
Wirtschaftlichkeitsbetrachtungen beim Außenrundschleifen
1955, 100 Seiten, 56 Abb., 3 Tabellen, DM 19,30

HEFT 102
Dr. P. Hölemann, Ing. R. Hasselmann und Ing. G. Dix, Dortmund
Untersuchungen über die thermische Zündung von explosiblen Acetylenzersetzungen in Kapillaren
1954, 44 Seiten, 5 Abb., 4 Tabellen, DM 8,60

HEFT 103
Prof. Dr. W. Weizel, Bonn
Durchführung von experimentellen Untersuchungen über den zeitlichen Ablauf von Funken in komprimierten Edelgasen sowie zu deren mathematischen Berechnung
1955, 46 Seiten, 12 Abb., DM 9,10

HEFT 104
Prof. Dr. W. Weizel, Bonn
Über den Einfluß der Elektroden auf die Eigenschaften von Cadmium-Sulfid-Widerstands-Photozellen
1955, 48 Seiten, 12 Abb., DM 9,45

HEFT 105
Dr.-Ing. R. Meldau, Harsewinkel/Westf.
Auswertung von Gekörn — Analysen des Musterstaubes „Flugasche Fortuna I"
1955, 42 Seiten, 14 Abb., DM 8,50

HEFT 106
ORR. Dr.-Ing. W. Küch, Dortmund
Untersuchungen über die Einwirkung von feuchtigkeitsgesättigter Luft auf die Festigkeit von Leimverbindungen
1954, 60 Seiten, 10 Abb., 6 Tabellen, DM 11,40

HEFT 107
Prof. Dr. H. Lange und Dipl.-Phys. P. St. Pütter, Köln
Über die Konstruktion von Laboratoriumsmagneten
1955, 66 Seiten, 19 Abb., 1 Tabelle, DM 12,30

HEFT 108
Prof. Dr. W. Fuchs, Aachen
Untersuchungen über neue Beizmethoden und Beizabwässer
I. Die Entzunderung von Drähten mit Natriumhydrid
II. Die Aufbereitung von Beizabwässern
1955, 82 S., 15 Abb., 14 Tabellen, 1 Falttafel, DM 15,25

HEFT 109
Dr. P. Hölemann und Ing. R. Hasselmann, Dortmund
Untersuchungen über die Löslichkeit von Azetylen in verschiedenen organischen Lösungsmitteln
1954, 42 Seiten, 10 Abb., 8 Tabellen, DM 8,30

HEFT 110
Dr. P. Hölemann und Ing. R. Hasselmann, Dortmund
Untersuchungen über den Druckverlauf bei der explosiblen Zersetzung von gasförmigem Azetylen
1955, 54 Seiten, 10 Abb., 5 Tabellen, DM 11,—

HEFT 111
Fachverband Steinzeugindustrie, Köln
Die Entwicklung eines Gerätes zur Beschickung seitlicher Feuer von Steinzeug-Einzelkammeröfen mit festen Brennstoffen
1955, 46 Seiten, 16 Abb., DM 9,40

HEFT 112
Prof. Dr.-Ing. H. Opitz, Aachen
Verschleißmessungen beim Drehen mit aktivierten Hartmetallwerkzeugen
1954, 44 Seiten, 17 Abb., 6 Tabellen, DM 8,80

HEFT 113
Prof. Dr. O. Graf, Dortmund
Erforschung der geistigen Ermüdung und nervösen Belastung: Studien über die vegetative 24-Stunden-Rhythmik in Ruhe und unter Belastung
1955, 40 Seiten, 12 Abb., DM 8,20

HEFT 114
Prof. Dr. O. Graf, Dortmund
Studien über Fließarbeitsprobleme an einer praxisnahen Experimentieranlage
1954, 34 Seiten, 6 Abb., DM 7,—

HEFT 115
Prof. Dr. O. Graf, Dortmund
Studium über Arbeitspausen in Betrieben bei freier und zeitgebundener Arbeit (Fließarbeit) und ihre Auswirkung auf die Leistungsfähigkeit
1955, 50 Seiten, 13 Abb., 2 Tabellen, DM 9,80

HEFT 116
Prof. Dr.-Ing. E. Siebel und Dr.-Ing. H. Weiss, Stuttgart
Untersuchungen an einigen Problemen des Tiefziehens — I. Teil
1955, 74 Seiten, 50 Abb., 5 Tabellen, DM 14,50

HEFT 117
Dr.-Ing. H. Beißwänger, Stuttgart, und Dr.-Ing. S. Schwandt, Trier
Untersuchungen an einigen Problemen des Tiefziehens — II. Teil
1955, 92 Seiten, 34 Abb., 8 Tabellen, DM 17,70

HEFT 118
Prof. Dr. E. A. Müller und Dr. H. G. Wenzel, Dortmund
Neuartige Klima-Anlage zur Erzeugung ungleicher Luft- und Strahlungstemperaturen in einem Versuchsraum
1955, 68 Seiten, 10 z. T. mehrfarb. Abb., DM 14,—

HEFT 119
Dr.-Ing. O. Viertel, Krefeld
Wäscherei- und energietechnische Untersuchung einer Gemeinschafts-Waschanlage
1955, 50 Seiten, 18 Abb., DM 10,20

HEFT 120
Dipl.-Ing. A. Weisbecker, Lüdenscheid
Über Anfressung an Reinstaluminium-Schweißnähten bei der elektrolytischen Oxydation
Gebr. Hörstermann GmbH., Velbert
Entwicklung und Erprobung eines neuartigen Gummibandförderers
1955, 46 Seiten, 18 Abb., DM 9,70

HEFT 121
Dr. H. Krebs, Bonn
I. Die Struktur und die Eigenschaften der Halbmetalle
II. Die Bestimmung der Atomverteilung in amorphen Substanzen
III. Die chemische Bindung in anorganischen Festkörpern und das Entstehen metallischer Eigenschaften
1955, 124 Seiten, 36 Abb., 13 Tabellen, DM 22,90

HEFT 122
Prof. Dr. W. Fuchs, Aachen
Untersuchungen zur Verbesserung der Wasseraufbereitung und Wasseranalyse:
Über die Schnellbewertung von Ionenaustauscher
1955, 62 Seiten, 32 Abb., DM 12,30

HEFT 123
Dipl.-Ing. J. Emondts, Aachen
Über Bodenverformungen bei stark gestörtem und mächtigem, wasserführendem Deckgebirge im Aachener Steinkohlengebiet
1955, 196 Seiten, 37 Abb., 10 Tabellen, DM 28,80

HEFT 124
Prof. Dr. R. Seyffert, Köln
Wege und Kosten der Distribution der Hausratwaren im Lande Nordrhein-Westfalen
1955, 74 Seiten, 25 Tabellen, DM 9,—

SPRINGER FACHMEDIEN WIESBADEN GMBH

HEFT 125
Prof. Dr. E. Kappler, Münster
Eine neue Methode zur Bestimmung von Kondensations-Koeffizienten von Wasser
1955, 46 Seiten, 11 Abb., 1 Tabelle, DM 9,10

HEFT 126
Prof. Dr.-Ing. J. Mathieu, Aachen
Arbeitszeitvergleich
Grundlagen, Methodik und praktische Durchführung
1955, 70 Seiten, DM 13,—

HEFT 127
Güteschutz Betonstein e. V., Arbeitskreis Nordrhein-Westfalen, Dortmund
Die Betonwaren-Gütesicherung im Lande Nordrhein-Westfalen
1955, 58 Seiten, 15 Abb., 3 Tabellen, DM 11,50

HEFT 128
Prof. Dr. O. Schmitz-DuMont, Bonn
Untersuchungen über Reaktionen in flüssigem Ammoniak
1955, 96 Seiten, 11 Abb., 6 Tabellen, DM 17,75

HEFT 129
Prof. Dr.-Ing. J. Mathieu und Dr. C. A. Roos, Aachen
Die Anlernung von Industriearbeitern
I. Ergebnisse einer grundsätzlichen Untersuchung der gegenwärtigen Industriearbeiter-Kurzanlernung
1955, 106 Seiten, DM 19,70

HEFT 130
Prof. Dr.-Ing. J. Mathieu und Dr. C. A. Roos, Aachen
Die Anlernung von Industriearbeitern
II. Beiträge zur Methodenfrage der Kurzanlernung
1955, 108 Seiten, DM 19,90

HEFT 131
Dr. W. Hoerburger, Köln
Versuche zur Biosynthese von Eiweiß aus Kohlenwasserstoff
1955, 34 Seiten, 2 Abb DM 6,90

HEFT 132
Prof. Dr. W. Seith, Münster
Über Diffusionserscheinungen in festen Metallen
1955, 42 Seiten, 19 Abb., 4 Tabellen, DM 9,10

HEFT 133
Prof. Dr. E. Jenckel, Aachen
Über einen für Schwermetalle selektiven Ionenaustauscher
1955, 48 Seiten, 8 Abb., 13 Tabellen, DM 9,50

HEFT 134
Prof. Dr.-Ing. H. Winterhager, Aachen
Über die elektrochemischen Grundlagen der Schmelzfluß-Elektrolyse von Bleisulfid in geschmolzenen Mischungen mit Bleichlorid
1955, 54 Seiten, 20 Abb., 5 Tabellen, DM 11,80

HEFT 135
Prof. Dr.-Ing. K. Krekeler und Dr.-Ing. H. Peukert, Aachen
Die Änderung der mechanischen Eigenschaften thermoplastischer Kunststoffe durch Warmrecken
1955, 54 Seiten, 27 Abb., DM 11,10

HEFT 136
Dipl.-Phys. P. Pilz, Remscheid
Über spezielle Probleme der Zerkleinerungstechnik von Weichstoffen
1955, 58 Seiten, 19 Abb., 2 Tabellen, DM 11,50

HEFT 137
Prof. Dr. W. Baumeister, Münster
Beiträge zur Mineralstoffernährung der Pflanzen
1955, 64 Seiten, 6 Tabellen, DM 11,80

HEFT 138
Dr. P. Hölemann und Ing. R. Hasselmann, Dortmund
Untersuchungen über die Zersetzungswärme von gasförmigem und in Azeton gelöstem Azetylen
1955, 54 Seiten, 8 Abb., 7 Tabellen, DM 10,40

HEFT 139
Prof. Dr. W. Fuchs, Aachen
Studien über die thermische Zersetzung der Kohle und die Kohlendestillatprodukte
1955, 64 Seiten, 20 Abb., 22 Tabellen, DM 11,80

HEFT 140
Dr.-Ing. G. Hausberg, Essen
Modellversuche an Zyklonen
1955, 78 Seiten, 24 Abb., DM 15,70

HEFT 141
Dr. J. van Calker und Dr. R. Wienecke, Münster
Untersuchungen über den Einfluß dritter Analysenpartner auf die spektrochemische Analyse
1955, 42 Seiten, 15 Abb., DM 9,10

HEFT 142
Dipl.-Ing. G. M. F. Wiebel, Hannover, A. Konermann und A. Ottenheym, Sennelager
Entwicklung eines Kalksandleichtsteines
1955, 38 Seiten, 4 Abb., DM 8,—

HEFT 143
Prof. Dr. F. Wever, Dr. A. Rose und Dipl.-Ing. W. Straßburg, Düsseldorf
Härtbarkeit und Umwandlungsverhalten der Stähle
1955, 50 Seiten, 12 Abb., 3 Tabellen, DM 10,70

HEFT 144
Prof. Dr. H. Wurmbach, Bonn
Steuerung von Wachstum und Formbildung
1955, 48 Seiten, 19 Abb., DM 10,30

HEFT 145
Dr. G. Hennemann, Werdohl (Westf.)
Beitrag zur Interpretation der modernen Atomphysik
1955, 34 Seiten, DM 10,—

HEFT 146
Dr.-Ing. F. Gruß, Düsseldorf
Sterilisation mit Heißluft
1955, 34 Seiten, 10 Abb., DM 7,70

HEFT 147
Dr.-Ing. W. Rudisch, Unna
Untersuchung einer drehelastischen Elektromagnet-Synchronkupplung
1955, 82 Seiten, 65 Abb., DM 17,70

HEFT 148
Prof. Dr. H. Bittel u. Dipl.-Phys. L. Storm, Münster
Untersuchungen über Widerstandsrauschen
1955, 40 Seiten, 5 Abb., DM 8,40

HEFT 149
Dipl.-Ing. K. Konopicky und Dipl.-Chem. P. Kampa, Bonn
I. Beitrag zur flammenphotometrischen Bestimmung des Calciums.
Dr.-Ing. K. Konopicky, Bonn
II. Die Wanderung von Schlackenbestandteilen in feuerfesten Baustoffen
1955, 54 Seiten, 10 Abb., 5 Tabellen, DM 11,—

HEFT 150
Prof. Dr.-Ing. O. Kienzle und Dipl.-Ing. W. Timmerbeil, Hannover
Das Durchziehen enger Kragen an ebenen Fein- und Mittelblechen
1955, 52 Seiten, 20 Abb., 8 Tabellen, DM 11,30

HEFT 151
Dipl.-Ing. P. Karabasch, Aachen
Feststellung des optimalen Gasgehaltes von Bronzen zur Erzielung druckdichter Gußstücke
1956, 64 Seiten, 31 Abb., 5 Tabellen, DM 13,90

HEFT 152
Dipl.-Ing. G. Müller, Köln
Ermittlung der Laufeigenschaften (Vergießbarkeit) von Bronze und Rotguß mittels der Schneider-Gießspirale
1955, 60 Seiten, 33 Abb., DM 13,30

HEFT 153
Prof. Dr. F. Wever, Dr.-Ing. W. A. Fischer und Dipl.-Ing. J. Engelbrecht, Düsseldorf
I. Die Reduktion sauerstoffhaltiger Eisenschmelzen im Hochvakuum mit Wasserstoff und Kohlenstoff
II. Einfluß geringer Sauerstoffgehalte auf das Gefüge und Alterungsverhalten von Reineisen
1955, 54 Seiten, 15 Abb., 2 Tabellen, DM 12,40

HEFT 154
Prof. Dr.-Ing. P. Bardenheuer und Dr.-Ing. W. A. Fischer, Düsseldorf
Die Verschlackung von Titan aus Stahlschmelzen im sauren und basischen Hochfrequenzofen unter verschiedenen Schlacken
1955, 36 Seiten, 10 Abb., 1 Tabelle, DM 7,95

HEFT 155
Dipl.-Phys. K. H. Schirmer, München
Die auf Grau abgestimmte Farbwiedergabe im Dreifarbenbuchdruck
1955, 46 Seiten, 17 Abb., 2 Farbtafeln, DM 10,—

HEFT 156
Prof. Dr.-Ing. B. von Borries und Mitarbeiter, Düsseldorf
Die Entwicklung regelbarer permanentmagnetischer Elektronenlinsen hoher Brechkraft und eines mit ihnen ausgerüsteten Elektronenmikroskopes neuer Bauart
1956, 102 Seiten, 52 Abb., DM 22,55

HEFT 157
Dr. W. Jawtusch, Dr. G. Schuster und Prof. Dr.-Ing. R. Jaeckel, Bonn
Untersuchungen über die Stoßvorgänge zwischen neutralen Atomen und Molekülen
1955, 48 Seiten, 15 Abb., 3 Tabellen, DM 10,50

HEFT 158
Dipl.-Ing. W. Rosenkranz, Meinerzhagen
Ein Beitrag zum Problem der Spannungskorrosion bei Preßprofilen und Preßteilen aus Aluminium-Legierungen
1956, 112 Seiten, 61 Abb., 5 Tabellen, DM 27,40

HEFT 159
Dr.-Ing. O. Viertel und O. Oldenroth, Krefeld
Das Bleichen von Weißwäsche mit Wasserstoffsuperoxyd bzw. Natriumhypochlorit beim maschinellen Waschen
1955, 54 Seiten, 23 Abb., 2 Tabellen, DM 11,45

HEFT 160
Prof. Dr. W. Klemm, Münster
Über neue Sauerstoff- und Fluor-haltige Komplexe
1955, 50 Seiten, 13 Abb., 7 Tabellen, DM 10,80

HEFT 161
Prof. Dr. W. Weltzien und Dr. G. Hauschild, Krefeld
Über Silikone und ihre Anwendung in der Textilveredlung
1955, 162 Seiten, 22 Abb., 10 Tabellen, DM 27,—

HEFT 162
Prof. Dr. F. Wever, Prof. Dr. A. Kochendörfer und Dr.-Ing. Chr. Rohrbach, Düsseldorf
Kennzeichnung der Sprödbruchneigung von Stählen durch Messung der Fließspannung, Reißspannung und Brucheinschnürung an dreiachsig beanspruchten Proben *1955, 58 Seiten, 26 Abb., DM 13,—*

HEFT 163
Dipl.-Ing. W. Rohs und Text.-Ing. H. Griese, Bielefeld
Untersuchungsarbeiten zur Verbesserung des Leinenwebstuhls III
1955, 80 Seiten, 15 Abb., 18 Tabellen, DM 15,80

HEFT 164
Dr.-Ing. H. Schmachtenberg, Köln
Neuartige Prüfeinrichtungen für Kraftfahrzeuge
1955, 44 Seiten, 23 Abb., DM 9,60

HEFT 165
Dr.-Ing. W. Wilhelm, Aachen
Instationäre Gasströmung im Auspuffsystem eines Zweitaktmotors
1955, 62 Seiten, 31 Abb., 8 Tabellen, DM 13,60

HEFT 166
Prof. Dr. M. v. Stackelberg, Dr. H. Heindze, Dr. H. Hübschke und Dr. K. H. Frangen, Bonn
Kolloidchemische Untersuchungen
1955, 106 Seiten, 8 Abb., 13 Tabellen, DM 21,25

HEFT 167
Prof. Dr.-Ing. F. Schuster, Essen
I. Über die Heißkarburierung von Brenngasen mit Ölen und Teeren
II. Die Strahlungsvorgänge in brennstoffbeheizten Öfen bei verschiedenen Verbrennungsatmosphären
1955, 38 Seiten, 8 Abb., DM 8,30

HEFT 168
Prof. Dr.-Ing. F. Schuster, Essen
I. Luftvorwärmung an Gasfeuerungen
II. Heizwerthöhe von Brenngasen und Wirkungsgrad sowie Gasverbrauch bei der Gasverwendung
III. Sauerstoffangereicherte Luft und feuerungstechnische Kenngrößen von Brenngasen
1955, 60 Seiten, 18 Abb., DM 12,50

HEFT 169
Forschungsinstitut für Pigmente und Lacke, Stuttgart
Arbeiten über die Bestimmung des Gebrauchswertes von Lackfilmen durch physikalische Prüfungen
1955, 70 Seiten, 23 Abb., 4 Tabellen, DM 15,—

HEFT 170
Prof. Dr. F. Wever, Dr. A. Rose und Dipl.-Ing L. Rademacher, Düsseldorf
Anwendung der Umwandlungsschaubilder auf Fragen der Werkstoffauswahl beim Schweißen und Flammhärten *1955, 64 Seiten, 25 Abb., DM 13,70*

SPRINGER FACHMEDIEN WIESBADEN GMBH

HEFT 171
Wäschereiforschung Krefeld
Untersuchung der Wäscheentwässerung mit Hilfe von Zentrifugen und Pressen
1955, 42 Seiten, 16 Abb., 4 Tabellen, DM 9,70

HEFT 172
Dipl.-Ing. W. Rohs, Dr.-Ing. G. Satlow und Text.-Ing. G. Heller, Bielefeld
Trocknung von Hanfgarnen. Kreuzspultrocknung
1955, 60 Seiten, 7 Abb., 4 Tabellen, DM 10,30

HEFT 173
Prof. Dr. R. Hosemann und Dipl.-Phys. G. Schoknecht, Berlin, vorgelegt von Prof. Dr. W. Kast, Krefeld
Lichtoptische Herstellung und Diskussion der Faltungsquadrate parakristalliner Gitter
1956, 108 Seiten, 63 Abb., 6 Tabellen, DM 24,70

HEFT 174
Prof. Dr. W. von Fragstein, Dr. J. Meingast und H. Hoch, Köln
Herstellung von Solen einheitlicher Teilchengröße und Ermittlung ihrer optischen Eigenschaften
1955, 78 Seiten, 80 Abb., 4 Tabellen, DM 18,25

HEFT 175
Dr.-Ing. H. Zeller, Aachen
Beitrag zur eindimensionalen stationären und nichtstationären Gasströmung mit Reibung und Wärmeleitung, insbesondere in Rohren mit unstetigen Querschnittsänderungen.
1956, 138 Seiten, 56 Abb., DM 29,30

HEFT 176
Dipl.-Ing. H. Schöberl, Duisburg
Über die Methoden zur Ermittlung der Verbrennungstemperatur von Brennstoffen und ein Vorschlag zu ihrer Verbesserung
1955, 30 Seiten, 3 Abb., DM 6,50

HEFT 177
Dipl.-Ing. H. Stüdemann, Solingen, und Dr.-Ing. W. Müchler, Essen
Entwicklung eines Verfahrens zur zahlenmäßigen Bestimmung der Schneideigenschaften von Messerklingen
1956, 104 Seiten, 68 Abb., 4 Tabellen, DM 22,20

HEFT 178
Prof. Dr. M. von Stackelberg u. Dr. W. Hans, Bonn
Untersuchungen zur Ausarbeitung und Verbesserung von polarographischen Analysenmethoden
1955, 46 Seiten, 14 Abb., DM 10,50

HEFT 179
Dipl.-Ing. H. F. Reineke, Bochum
Entwicklungsarbeiten auf dem Gebiete der Meß- und Regeltechnik
1955, 46 Seiten, 10 Abb., DM 10,—

HEFT 180
Dr.-Ing. W. Piepenburg, Dipl.-Ing. B. Bühling und Bauing. J. Behnke, Köln
Putzarbeiten im Hochbau und Versuche mit aktiviertem Mörtel und mechanischem Mörtelauftrag
1955, 116 Seiten, 31 Abb., 68 Tabellen, DM 23,—

HEFT 181
Prof. Dr. W. Franz, Münster
Theorie der elektrischen Leitvorgänge in Halbleitern und isolierenden Festkörpern bei hohen elektrischen Feldern
1955, 28 Seiten, 2 Abb., 1 Tabelle, DM 6,20

HEFT 182
Dr.-Ing. P. Schenk u. Dr. K. Osterloh, Düsseldorf
Katalytisch-thermische Spaltung von gasförmigen und flüssigen Kohlenwasserstoffen zur Spitzengaserzeugung
1955, 50 Seiten, 11 Abb., 11 Tabellen, DM 10,90

HEFT 183
Dr. W. Bornheim, Köln
Entwicklungsarbeiten an Flaschen- und Ampullen-Behandlungsmaschinen für die pharmazeutische Industrie
1956, 48 Seiten, 24 Abb., DM 11,70

HEFT 184
Dr.-Ing. E. Printz, Kettwig
Vollhydraulische Parallel-Kupplung für Ackerschlepper
1955, 32 Seiten, 4 Abb., DM 7,80

HEFT 185
Dipl.-Ing. W. Rohs und Text.-Ing. G. Heller, Bielefeld
Studien an einem neuzeitlichen Kreuzspultrockner für Bastfasergarne mit Wiederbefeuchtungszone
1955, 52 Seiten, 9 Abb., 3 Tabellen, DM 10,70

HEFT 186
Dr. E. Wedekind, Krefeld
Untersuchungen zur Arbeitsbestgestaltung bei der Fertigstellung von Oberhemden in gewerblichen Wäschereien
1955, 124 Seiten, 28 Abb., 6 Tabellen, 2 Falttaf., DM 12,—

HEFT 187
Dipl.-Ing. F. Göttgens, Essen
Über die Eigenarten der Bimetall-, Thermo- und Flammenionisationssicherungsmethode in ihrer Anwendung auf Zündsicherungen
1955, 40 Seiten, 6 Abb., 4 Tabellen, DM 8,40

HEFT 188
W. Kinnebrock, Langenberg (Rhld.)
Der Einfluß des Austausches gleicher Gaskochbrenner bzw. Gaskochbrennerteile auf den Wirkungsgrad und insbesondere auf den CO-Gehalt der Verbrennungsgase
1955, 42 Seiten, 7 Tabellen, DM 8,70

HEFT 189
Fa. E. Leybold's Nachfolger, Köln
I. Ausgewählte Kapitel aus der Vakuumtechnik
II. Zum Verlust anorganisch-nichtflüchtiger Substanzen während der Gefriertrocknung
1955, 52 Seiten, 16 Abb., 3 Tabellen, DM 11,20

HEFT 190
Prof. Dr. A. Neuhaus, Prof. Dr. O. Schmitz-DuMont und Dipl.-Chem. H. Reckhard, Bonn
Zur Kenntnis der Alkalititanate
1955, 60 Seiten, 13 Abb., 1 Tabelle, DM 12,20

HEFT 191
Dr. H. Söhngen, Darmstadt
Schwingungsverhalten eines Schaufelkranzes im Vakuum *1955, 36 Seiten, 7 Abb., DM 7,80*

HEFT 192
Dipl.-Phys. E. M. Schneider, München
Kohlebogenlampen für Aufnahme und Kopie
1955, 48 Seiten, 21 Abb., 3 Tabellen, DM 10,60

HEFT 193
Prof. Dr. O. Schmitz-DuMont, Bonn
Untersuchungen über neue Pigmentfarbstoffe
1956, 50 Seiten, 16 Abb., 8 Tabellen, DM 11,20

HEFT 194
Dr. K. Hecht, Köln
Entwicklung neuartiger physikalischer Unterrichtsgeräte *1955, 42 Seiten, 16 Abb., DM 9,90*

HEFT 195
Dr.-Ing. E. Rößger, Köln
Gedanken über einen neuen deutschen Luftverkehr
1955, 342 Seiten, 29 Abb., 122 Tabellen, DM 50,—

HEFT 196
Dipl.-Ing. W. Rohs und Text.-Ing. H. Griese, Bielefeld
Auswirkungen von Garnfehlern bei der Verarbeitung von Leinengarnen
1955, 36 Seiten, 3 Abb., 6 Tabellen, DM 7,80

HEFT 197
Dr. E. Wedekind, Krefeld
Untersuchungen zur Bestimmung der optimalen Arbeitsplatzgröße bei Mehrstuhlarbeit in der Weberei
1955, 92 Seiten, 34 Abb., DM 18,50

HEFT 198
Prof. Dr. J. Weissinger, Karlsruhe
Zur Aerodynamik des Ringflügels. Die Druckverteilung dünner, fast drehsymmetrischer Flügel in Unterschallströmung *1955, 42 Seiten, 5 Abb., DM 9,—*

HEFT 199
Textilforschungsanstalt Krefeld
Die Messung von Gewebetemperaturen mittels Temperaturstrahlung
1955, 50 Seiten, 12 Abb., DM 10,90

HEFT 200
R. Seipenbusch, Langenberg (Rhld.)
Spitzengas durch Zusatz von Flüssiggas-Wassergas- und Flüssiggas-Generatorgas-Gemischen zu Stadtgas
1955, 48 Seiten, 21 Tabellen, DM 10,35

HEFT 201
Dr.-Ing. E. W. Pleines, Frankfurt/Main
Die Sicherheit im Luftverkehr
1956, 194 Seiten, 39 Abb., 19 Tabellen, DM 39,50

HEFT 202
Dipl.-Ing. D. Fiecke, Stuttgart/Zuffenhausen
Die Bestimmung der Flugzeugpolaren für Entwurfszwecke. I Teil: Unterlagen
1956, 216 Seiten, 171 Diagr., DM 59,70

HEFT 203
Dr. G. Wandel, Bonn
Uferbewachsung und Lebendverbauung an den Nordwestdeutschen Kanälen und ihren Zuflüssen sowie an der Ruhr *1956, 122 Seiten, 88 Abb., DM 25,70*

HEFT 204
Dipl.-Ing. B. Naendorf, Langenberg (Rhld.)
Bestimmung der Brenneigenschaften und des Brennverhaltens verschiedener Gasarten und Einfluß verschiedener Düsengestaltung
1955, 32 Seiten, DM 7,10

HEFT 205
Dr. C. Schaarwächter, Düsseldorf
Über plastische Kupfer-Eisen-Phosphor-Legierungen
1936, 36 Seiten, 10 Abb., 10 Tabellen, DM 8,30

HEFT 206
Dr. P. Hölemann, Ing. R. Hasselmann und Ing. G. Dix, Dortmund
Untersuchungen über die Vorgänge bei der Zersetzung von in Azeton gelöstem Azetylen
1956, 74 Seiten, 7 Abb., 7 Tabellen, DM 15,55

HEFT 207
Prof. Dr.-Ing. H. Opitz, Dipl.-Ing. K. H. Fröhlich und Dipl.-Ing. H. Siebel, Aachen
Richtwerte für das Fräsen von unlegierten und legierten Baustählen mit Hartmetall. I. Teil
1956, 48 Seiten, 27 Abb., 3 Tabellen, DM 11,10

HEFT 208
Prof. Dr.-Ing. H. Müller, Essen
Untersuchung von Elektrowärmegeräten für Laienbedienung hinsichtlich Sicherheit und Gebrauchsfähigkeit. I. Untersuchungen an Kochplatten
1956, 100 Seiten, 76 Abb., 7 Tabellen, DM 22,70

HEFT 209
Dr. K. Bunge, Leverkusen
Materialabbau in Funkenentladungen. Untersuchungen an Zinkkathoden
1956, 54 Seiten, 10 Abb., 5 Tabellen, DM 11,40

HEFT 210
Dr. W. Porschen und Prof. Dr. W. Riezler, Bonn
Langlebige Alphaaktivitäten bei natürlichen Elementen
1955, 40 Seiten, 5 Abb., 4 Tabellen, DM 8,80

HEFT 211
Prof. Dipl.-Ing. W. Sturtzel und Dr.-Ing. W. Graff, Duisburg
Die Versuchsanstalt für Binnenschiffbau, Duisburg
1956, 48 Seiten, 22 Abb., 11,—

HEFT 212
Dipl.-Ing. H. Spodig, Selm
Untersuchung zur Anwendung der Dauermagnete in der Technik *1955, 44 Seiten, 25 Abb., DM 9,80*

HEFT 213
Dipl.-Ing. K. F. Rittinghaus, Aachen
Zusammenstellung eines Meßwagens für Bau- und Raumakustik
1957, 96 Seiten 17 Abb., 7 Tabellen DM 19,80

HEFT 214
Dr.-Ing. J. Endres, München
Berechnung der optimalen Leistungen, Kraftstoffverbräuche und Wirkungsgrade von Einkreis-Turbolader-Strahltriebwerken am Boden und in der Höhe bei Fluggeschwindigkeiten von 0—2000 km/h
1956, 72 Seiten, 18 Abb., 8 Tabellen, DM 15,40

HEFT 215
Prof. Dr.-Ing. H. Opitz und Dr.-Ing. G. Weber, Aachen
Einfluß der Wärmebehandlung von Baustählen auf Spanentstehung, Schnittkraft- und Standzeitverhalten
1956, 80 Seiten, 30 Abb., 10 Tabellen, DM 18,40

HEFT 216
Dr. E. Kloth, Köln
Untersuchungen über die Ausbreitung kurzer Schallimpulse bei der Materialprüfung mit Ultraschall
1956, 90 Seiten, 60 Abb., 4 Tabellen, DM 19,40

HEFT 217
Rationalisierungskuratorium der Deutschen Wirtschaft (RKW), Frankfurt/Main
Typenvielzahl bei Haushaltgeräten und Möglichkeiten einer Beschränkung
1956, 328 Seiten, 2 Abb., 181 Tabellen, DM 49,50

HEFT 218
Dr. F. Keune, Aachen
Bericht über eine Theorie der Strömung um Rotationskörper ohne Anstellung bei Machzahl Eins
1955, 40 Seiten, 8 Abb., 5 Formelblätter, DM 8,80

SPRINGER FACHMEDIEN WIESBADEN GMBH

HEFT 219
Prof. Dr. W. Fuchs, Aachen
Untersuchungen zur Holzabfallverwertung und zur Chemie des Lignins
1955, 54 Seiten, 11 Abb., 15 Tabellen DM 11,40

HEFT 220
Prof. Dr. W. Fuchs, Aachen
Die Entwicklung neuer Regel- und Kontroll-Apparate zur coulometrischen Analyse
1956, 76 Seiten, 17 Abb. 23 Tabellen, DM 15,50

HEFT 221
Dr. W. Meyer-Eppler, Bonn
Experimentelle Untersuchungen zum Mechanismus von Stimme und Gehör in der lautsprachlichen Kommunikation *1955, 56 Seiten, 24 Abb., DM 13,45*

HEFT 222
Dr. L. Köllner, Münster, und Dipl.-Volkswirt M. Kaiser, Bochum
Die internationale Wettbewerbsfähigkeit der westdeutschen Wollindustrie *1956, 214 Seiten, DM 39,50*

HEFT 223
Dr.-Ing. K. Alberti und Dr. F. Schwarz, Köln
Über das Problem Hartbrand-Weichbrand
1956, 54 Seiten, 25 Abb., 14 Tabellen, DM 12,10

HEFT 224
Dipl.-Ing. H. Stüdemann und Ing. R. Beu, Solingen
Verfahren zur Prüfung der Korrosionsbeständigkeit von Messerklingen aus rostfreiem Stahl
1956, 82 Seiten, 28 Abb., DM 16,90

HEFT 225
Dr.-Ing. E. Barz, Remscheid
Der Spannungszustand von Gattersägeblättern
1956, 74 Seiten, 54 Abb., DM 16,50

HEFT 226
Technisch-wissenschaftliches Büro für die Bastfaserindustrie, Bielefeld
Untersuchungen zur Verbesserung des Leinenwebstuhles IV
Die Wirkung verschiedener Kettbaumbremsen auf die Verwebung von Leinengarnen
1956, 64 Seiten, 9 Abb., 4 Tabellen, DM 13,50

HEFT 227
Prof. Dr. F. Wever, Düsseldorf und Dr. W. Wepner, Köln
Untersuchung der Alterungsneigung von weichen unlegierten Stählen durch Härteprüfung bei Temperaturen bis 300 Grad C
1956, 34 Seiten, 20 Abb., 3 Tabellen, DM 7,95

HEFT 228
Prof. Dr. F. Wever, Dr. W. Koch, Düsseldorf, und Dr. B. A. Steinkopf, Dortmund
Spektrochemische Grundlagen der Analyse von Gemischen aus Kohlenmonoxyd, Wasserstoff und Stickstoff *1956, 42 Seiten, 18 Abb., 1 Tabelle, DM 9,90*

HEFT 229
Prof. Dr. F. Wever, Dr. W. Koch und Dr.-Ing. H. Malissa, Düsseldorf
Über die Anwendung disubstituierter Dithiocarbamate der analytischen Chemie
1956, 44 Seiten, 30 Abb., 5 Tabellen, DM 10,50

HEFT 230
Prof. Dr. F. Wever, Düsseldorf, und Dr. W. Wepner, Köln
Bestimmung kleiner Kohlenstoffgehalte im Alpha-Eisen durch Dämpfungsmessung
1956, 34 Seiten, 5 Abb., 2 Tabellen, DM 7,70

HEFT 231
Dr.-Ing. W. Küch, Dortmund
Über die Wechselwirkung zwischen Holzschutzbehandlung und Verleimung
1956, 48 Seiten, 10 Abb., 8 Tabellen, DM 10,40

HEFT 232
Prof. Dr.-Ing. O. Kienzle, Hannover, und Dr.-Ing. H. Münnich, Schweinfurt
Feststellung der Spannungen und Dehnungen und Bruchdrehzahlen der unter Fliehkraft und Bearbeitungskraft beanspruchten Schleifkörper
in Vorbereitung

HEFT 233
Dr. H. Haase, Hamburg
Infrarot-Bibliographie *1956, 90 Seiten, DM 17,80*

HEFT 234
Dr.-Ing. K. G. Speith und Dr.-Ing. A. Bungeroth, Duisburg
Versuche zur Steigerung des Kokillen-Schluckvermögens beim Stranggießen von Stahl
1956, 26 Seiten, 5 Abb., DM 6,15

HEFT 235
Prof. Dr.-Ing. K. Leist und Dipl.-Ing. W. Dettmering, Aachen
Turbinenschaufeln aus Kunststoff für Kaltluftversuchsanlagen
1956, 46 Seiten, 43 Abb., 3 Tabellen, DM 12,30

HEFT 236
Dr.-Ing. O. Viertel und S. Lucas, Krefeld
Ergebnisse einer Hausfrauenbefragung über Wascheinrichtungen und Waschmethoden in städtischen Haushaltungen
1956, 34 Seiten, 4 Abb., DM 7,60

HEFT 237
Dr. P. Endler und Dr. H. Ludes, Köln
Bericht über eine Studienreise zur Orientierung der heutigen Behandlung der Lungentuberkulose in den Vereinigten Staaten von Nordamerika
1956, 32 Seiten, DM 7,10

HEFT 238
Institut für textile Meßtechnik, M.-Gladbach, e. V.
Untersuchungen der Verzugsvorgänge an den Streckwerken verschiedener Spinnereimaschinen. 3. Bericht: Theoretische Betrachtungen über den Einfluß schlagender Zylinder und Druckrollen
1956, 66 Seiten, 21 Abb., DM 14,10

HEFT 239
Prof. Dr.-Ing. K. Leist, Dipl.-Ing. H. Scheele, Aachen, und Dipl.-Ing. F. H. Flottmann, Herne
Versuche an einem neuartigen luftgekühlten Hochleistungs-Kolbenkompressor
1956, 72 Seiten, 19 Abb., 7 Tabellen, DM 14,40

HEFT 240
Prof. Dr.-Ing. K. Leist und Dipl.-Ing. H. Scheele, Aachen
Temperaturmessungen an einem einstufigen luftgekühlten 4-Zylinder-Kolbenkompressor mit Kühlgebläse *1956, 74 Seiten, 36 Abb., DM 14,80*

HEFT 241
Prof. Dr.-Ing. K. Leist und Dipl.-Ing. M. Pötke, Aachen
Leistungsversuche an einem Kühlluftgebläse
1956, 60 Seiten, 13 Abb., DM 11,70

HEFT 242
Prof. Dr.-Ing. K. Leist und Dipl.-Ing. K. Graf, Aachen
Straßenfahrzeuge mit Gasturbinenantrieb
1956, 82 Seiten, 63 Abb., DM 17,20

HEFT 243
Prof. Dr.-Ing. K. Leist und Dipl.-Ing. S. Förster, Aachen
Die französische Kleingasturbine Artouste — 1. Teil
1956, 80 Seiten, 41 Abb., DM 15,85

HEFT 244
Prof. Dr. F. Wever, Dr. W. Koch und Dr. S. Eckhard, Düsseldorf
Erfahrungen mit der spektrochemischen Analyse von Gefügebestandteilen des Stahles
1956, 32 Seiten, 8 Abb., 2 Tabellen, DM 7,80

HEFT 245
Prof. Dr.-Ing. habil. K. Krekeler, Aachen
Das Verbinden von Metallen durch Kunstharzkleber. Teil I: Eigenschaften und Verwendung der Metallklebstoffe *1956, 48 Seiten, 8 Abb., DM 10,25*

HEFT 246
Prof. Dr.-Ing. habil. K. Krekeler, Aachen
Das Verbinden von Metallen durch Kunstharzkleber. Teil II: Untersuchungen an geklebten Leichtmetall-Verbindungen *1956, 80 Seiten, 40 Abb., DM 17,50*

HEFT 247
Dr. H. Söhngen, Darmstadt
Strömung vor einem Überschall-Laufrad
1956, 26 Seiten, 4 Abb., DM 7,60

HEFT 248
Rheinische Aktiengesellschaft für Braunkohlenbergbau und Brikettfabrikation, Köln
Untersuchung der Bindemitteleigenschaften von Braunkohlenfilteraschen
1956, 176 Seiten, 26 Abb., 30 Tabellen, DM 35,60

HEFT 249
Dr. M.-E. Meffert, Essen
Weitere Kulturversuche Scenedesmus obliquus
1956, 36 Seiten, 5 Abb., 10 Tabellen, DM 8,—

HEFT 250
Dr. F. Schwarz und Dr.-Ing. K. Alberti, Köln
Entwicklung von Untersuchungsverfahren zur Gütebeurteilung von Industriekalken
1956, 36 Seiten, 9 Abb., DM 16,50

HEFT 251
Prof. Dr. H. Bittel, Münster
Zur Statistik der ferromagnetischen Elementarvorgänge und ihren Einfluß auf das Barkhausenrauschen
1956, 52 Seiten, 14 Abb., DM 11,65

HEFT 252
Dipl.-Ing. H. Frings, Geilenkirchen
Die Wirkung abfallender Wetterführung auf Wettertemperatur, Grubengasgehalt und Staubbildung
1957, 126 Seiten, 23 Abb., 13 Falttafeln, 38 Tab., DM 35,70

HEFT 253
Dipl.-Ing. S. Schirmanski, Berghausen
Stand und Auswertung der Forschungsarbeiten über Temperatur- und Feuchtigkeitsgrenzen bei der bergmännischen Arbeit
1957, 80 Seiten, 24 Abb., 12 Tab., DM 17,10

HEFT 254
Prof. Dr. R. Danneel, Bonn
Quantitative Untersuchungen über die Entwicklung des Ehrlich-Ascitestumors bei Inzuchtmäusen
1956, 52 Seiten, 17 Tabellen, DM 11,75

HEFT 255
Ing. B. v. Schlippe, Bad Nauheim
Strömung von Flüssigkeiten mit temperaturabhängiger Zähigkeit (Kühlung von Öfen)
1956, 54 Seiten, 12 Abb., 4 Tabellen, DM 11,70

HEFT 256
Prof. Dr. C. Schmieden und Dipl.-Math. K. H. Müller, Darmstadt
Die Strömung einer Quellstrecke im Halbraum — eine strenge Lösung der Navier-Stokes-Gleichungen
1956, 40 Seiten, 9 Abb., DM 8,80

HEFT 257
Prof. Dr. G. Lehmann und Dr. J. Tamm, Dortmund
Die Beeinflussung vegetativer Funktionen des Menschen durch Geräusche
1956, 48 Seiten, 25 Abb., 3 Tabellen, DM 11,20

HEFT 258
Dr. H. Paul, Linz (Rhein), und Prof. Dr. O. Graf, Dortmund
Zur Frage der Unfälle im Bergbau
1956, 52 Seiten, 9 Abb., 22 Tabellen, DM 11,20

HEFT 259
Prof. D. W. Linke, Aachen
Strömungsvorgänge in künstlich belüfteten Räumen
1956, 52 Seiten, 37 Abb., 1 Tabelle, DM 11,80

HEFT 260
Prof. Dr. W. Kast, Freiburg (Br.), Prof. Dr. A. H. Stuart und Dipl.-Phys. H. G. Fendler, Hannover
Lichtzerstreuungsmessungen an Lösungen hochpolymerer Stoffe
1956, 70 Seiten, 25 Abb., 5 Tabellen, DM 15,60

HEFT 261
Prof. Dr. W. Kast, Freiburg (Br.)
Feinstruktur-Untersuchungen an künstlichen Zellulosefasern verschiedener Herstellungsverfahren.
Teil II: Der Kristallisationszustand
1956, 80 Seiten, 27 Abb., 11 Tabellen, DM 17,20

HEFT 262
Dr.-Ing. W. Batel, Aachen
Untersuchungen zur Absiebung feuchter, feinkörniger Haufwerke und Schwingsieben
1956, 100 Seiten, 45 Abb., 5 Tabellen, DM 23,40

HEFT 263
Prof. Dr. H. Lange und Dipl.-Phys. R. Kohlhaas, Köln
Über die Wärmeleitfähigkeit von Stählen bei hohen Temperaturen: Teil I: Literaturbericht
1956, 48 Seiten, 26 Abb., 8 Tabellen, DM 10,70

HEFT 264
Prof. Dr. W. Weizel, Bonn
Durch schnelle Funkenzusammenbrüche ausgelöste Signale auf einer Leitung
1956, 26 Seiten, 4 Abb., 3 Tabellen, DM 6,10

HEFT 265
Prof. Dr. F. Micheel und Dr. R. Engel, Münster
Eine Apparatur zur elektrophoretischen Trennung von Stoffgemischen
1956, 38 Seiten, 21 Abb., DM 9,20

HEFT 266
Fliesen-Beratungsstelle Bad Godesberg-Mehlem
Güteeigenschaften keramischer Wand- und Bodenfliesen und deren Prüfmethoden
1956, 32 Seiten, DM 7,10

HEFT 267
Prof. Dr. W. Weizel und B. Brandt, Bonn
Zur Stabilität stromstarker Glimmentladungen
1956, 36 Seiten, 7 Abb., DM 8,40

SPRINGER FACHMEDIEN WIESBADEN GMBH

HEFT 268

Prof. Dr.-Ing. G. Vogelpohl, Göttingen
Über die Tragfähigkeit von Gleitlagern und ihre Berechnung
1956, 76 Seiten, 24 Abb., 7 Tabellen, DM 16,85

HEFT 269

Markscheider R. Bals, Bochum
Eignung des Gebirgsankerausbaus zur Erleichterung des Streckenvortriebs im Steinkohlenbergbau
1956, 84 Seiten, 41 Abb., DM 18,75

HEFT 270

Dr. H. Krebs und Mitarbeiter, Bonn
Die Trennung von Racematen auf chromatographischem Wege
1956, 62 Seiten, 18 Tabellen, DM 12,95

HEFT 271

Prof. Dr.-Ing. H. Opitz und Dipl.-Ing. H. Axer, Aachen
Beeinflussung des Verschleißverhaltens bei spanenden Werkzeugen durch flüssige und gasförmige Kühlmittel und elektrische Maßnahmen
1956, 46 Seiten, 28 Abb., DM 10,70

HEFT 272

Prof. Dr. W. Fuchs und Dr. H. Dresia, Aachen
Untersuchungen über die Schnellverbrennung und Schnellvergasung fester Brennstoffe
1956, 56 Seiten, 14 Abb., 3 Tabellen, DM 11,90

HEFT 273

Fa. K. W. Tacke G.m.b.H., Wuppertal-Barmen
Erfahrungen beim Verspinnen von Perlonfasern und bei der Herstellung von Trikotagen aus gesponnenem Perlon
1956, 36 Seiten, DM 7,90

HEFT 274

Prof. Dr.-Ing. K. Krekeler, Aachen
Qualitative Untersuchungen bei Verbindungsschweißungen mittels Lichtbogenschweißautomaten unter Verwendung von Blankdraht und Zugabe von ferromagnetischem Pulver als Umhüllung
1956, 68 Seiten, 40 Abb., 8 Tabellen, DM 15,45

HEFT 275

Prof. Dr.-Ing. habil. K. Krekeler, Aachen, und Dipl.-Ing. H. Verhoeven, Aachen
Quantitative Untersuchungen von Punktschweißverbindungen an Tiefzieh- und Aluminiumblechen, die nach dem Argonarc-Punktschweißverfahren hergestellt werden
1956, 64 Seiten, 45 Abb., DM 14,60

HEFT 276

Fa. E. Haage, Mülheim (Ruhr)
Entwicklungsarbeiten im Apparatebau für Laboratorien
1956, 48 Seiten, 18 Abb., DM 10,50

HEFT 277

Dr.-Ing. W. Müchler, Essen
Untersuchung und zahlenmäßige Bestimmung der Schneideigenschaften von Messern mit besonderer Berücksichtigung rostfreier Messerstähle
1956, 60 Seiten, 27 Abb., 5 Tabellen, DM 13,20

HEFT 278

Dipl.-Ing. J. Stelter und Dipl.-Ing. H. Kickert, Aachen
I. Sichtbarmachung von Ultraschallfeldern unter Verwendung photographischer Emulsionsschichten
II. Methode zur Bestimmung der wirklichen Temperaturverhältnisse in Flüssigkeiten während der Beschallung (Nach einer Diplom-Arbeit von H. Schnitzler)
1956, 54 Seiten, 24 Abb., DM 12,75

HEFT 279

Dr. F. Keune, Aachen
Der gewölbte und verwundene Tragflügel ohne Dicke in Schallnähe
1956, 42 Seiten, 15 Abb., DM 9,25

HEFT 280

Dipl.-Ing. J. Stelter und Dipl.-Ing. E. Pfende, Aachen
Über Störerscheinungen bei Schallgeschwindigkeitsmessungen mittels der Interferometermethode
1956, 42 Seiten, 13 Abb., DM 9,60

HEFT 281

Prof. Dr.-Ing. K. Lürenbaum, Aachen
Der Meßwagen des Instituts für Maschinen-Dynamik der Deutschen Versuchsanstalt für Luftfahrt, Aachen
1956, 34 Seiten, 17 Abb., DM 8,60

HEFT 282

Bergrat a. D. Scherer, Bochum
Das B. T.-Schwelverfahren und seine Anwendung auf der Anlage Marienau
1956, 44 Seiten, 7 Abb., DM 9,60

HEFT 283

Prof. Dr. F. Wever und Dr.-Ing. W. Lueg, Düsseldorf
Warmstauchversuche zur Ermittlung der Formänderungsfestigkeit von Gesenkschmiede-Stählen
1956, 44 Seiten, 19 Abb., DM 9,90

Heft 284

Prof. Dr. F. Wever, Düsseldorf, Dr.-Ing. H. J. Wiester, Essen, Dr.-Ing. F. W. Straßburg, Duisburg, Prof. Dr.-Ing. H. Opitz, Aachen, und Dr.-Ing. K. H. Fröhlich, Köln
Einfluß des Gefüges auf die Zerspanbarkeit von Einsatz- und Vergütungsstählen
1957, 88 Seiten, 126 Abb., 11 Tab., DM 22,45

HEFT 285

Prof. Dr.-Ing. O. Kienzle, Dr.-Ing. K. Lange, Hannover, und Dipl.-Ing. H. Meinert, Osterode
Einfluß der Oberfläche auf das Verschleißverhalten von Schmiedegesenken
1956, 62 Seiten, 29 Abb., 8 Tabellen, DM 14,60

HEFT 286

Dr.-Ing. K. Lange, Hannover, Dipl.-Ing. H. Meinert, Osterode, unter Mitarbeit von Dr.-Ing. H. Arend, Mülheim (Ruhr)
Verschleißverhalten hartverchromter Schmiedegesenke
1956, 74 Seiten, 53 Abb., 6 Tabellen, DM 17,65

HEFT 287

Prof. Dr.-Ing. habil. K. Krekeler, Aachen
Änderungen der mechanischen Eigenschaftswerte thermoplastischer Kunststoffe bei Beanspruchung in verschiedenen Medien
1956, 62 Seiten, 23 Abb., 5 Tabellen, DM 13,70

HEFT 288

Dr. K. Brücker-Steinkuhl, Düsseldorf
Anwendung mathematisch-statischer Verfahren in der Industrie
1956, 103 Seiten, 27 Abb., 14 Tabellen, DM 24,20

HEFT 289

Prof. Dr.-Ing. H. Winterhager, Aachen
Kombinierter Widerstands- und Lichtbogen-Vakuumofen zur Verarbeitung von Titanschwamm
Prof. Dr. Dr. h. c. R. Schwarz, Aachen
Erforschung neuer Wege zur Darstellung von Titanmetall
1957, 42 Seiten, 18 Abb., DM 9,70

HEFT 290

Dr. D. Horstmann, Düsseldorf
I. Der verstärkte Angriff des Zinks auf Eisen im Temperaturgebiet um 500° C
II. Einfluß eines Antimongehaltes auf den Angriff von Zinkschmelzen auf Eisen
1956, 48 Seiten, 33 Abb., 3 Tabellen, DM 11,90

HEFT 291

Dr.-Ing. H. J. Wiester und Dr. D. Horstmann, Düsseldorf
Der Angriff eisengesättigter Zinkschmelzen auf silizium- und manganhaltiges Eisen
1956, 52 Seiten, 45 Abb., 8 Tabellen, DM 12,60

HEFT 292

Dipl.-Ing. W. Rohs und Text.-Ing. H. Griese, Bielefeld
Webversuche an Leinenwebstühlen mit verbesserter Schaftbewegung
1956, 34 Seiten, 3 Abb., 2 Tabellen, DM 7,60

HEFT 293

Prof. J. W. Korte, unter Mitarbeit von Dipl.-Ing. P. A. Mäcke und Dipl.-Ing. W. Leutzbach, Aachen
Die Leistungsfähigkeit von Verkehrsanlagen des motorisierten städtischen Straßenverkehrs
1956, 98 Seiten, 35 Abb., 5 Tabellen, 1 Falttafel, DM 22,50

HEFT 294

Dipl.-Ing. B. Naendorf, Essen
Untersuchungen industrieller Gasbrenner
1956, 58 Seiten, 6 Abb., 3 Tabellen, DM 12,40

HEFT 295

Prof. Dr.-Ing. H. Opitz und Dipl.-Ing. H. Axer, Aachen
Untersuchung und Weiterentwicklung neuartiger elektrischer Bearbeitungsverfahren
1956, 42 Seiten, 27 Abb., DM 10,30

HEFT 296

Prof. Dr.-Ing. H. Opitz, Aachen
I. Untersuchungen an elektronischen Regelantrieben
II. Statische Untersuchungen zur Ausnutzung von Drehbänken
1956, 46 Seiten, 18 Abb., DM 10,40

HEFT 297

Dr. K. Schaarwächter, Düsseldorf
Die Reduktion von Siliziumtetrachlorid im Lichtbogen zur nachfolgenden Silizierung von Eisenblechen
in Vorbereitung

HEFT 298

Prof. Dr.-Ing. E. Oehler, Aachen
Untersuchung von kritischen Drehzahlen, die durch Kreiselmomente verursacht werden
1956, 50 Seiten, 35 Abb., DM 13,15

HEFT 299

Dr. J. Fassbender und W. Hoppe, Bonn
Eine photoelektrische Nachlaufeinrichtung für Analogie-Rechenmaschinen
1956, 20 Seiten, 8 Abb., DM 7,65

HEFT 300

Prof. Dr. E. Schütz und Privatdozent Dr. H. Caspers, Münster
Tierexperimentelle Untersuchungen über die Alkoholwirkungen auf Erregbarkeit und bioelektrische Spontanaktivität der Hirnrinde
1956, 44 Seiten, 6 Abb., 1 Tabelle, DM 9,55

HEFT 301

Prof. Dr. W. Weltzien, Dr. G. Cossmann und P. Diehl, Krefeld
Über die fraktionierte Füllung von Polyamiden (II)
1956, 54 Seiten, 1 Abb., 16 Tabellen, DM 11,30

HEFT 302

Prof. Dr.-Ing. W. Wegener und Dipl.-Ing. W. Zahn, Aachen
Untersuchungen von gesponnenen Garnen auf ihre Gleichmäßigkeit nach verschiedenen Meßmethoden
1957, 58 Seiten, 34 Abb., DM 15,20

HEFT 303

Prof. Dr. Ing. S. Kiesskalt, Aachen
Das Institut der Forschungsgesellschaft Verfahrenstechnik e. V. an der Technischen Hochschule Aachen
1956, 76 Seiten, 20 Abb., 3 Tabellen, DM 16,40

HEFT 304

Prof. Dr.-Ing. K. Krekeler, Düsseldorf, und Dipl.-Ing. A. Kleine-Albers, Aachen
Beitrag zur thermoelastischen Warmformbarkeit von Hart-PVC
1957, 72 Seiten, 29 Abb., DM 17,70

HEFT 305

Prof. Dr.-Ing. K. Krekeler, Düsseldorf, Dr.-Ing. H. Peukert, Aachen, und Dipl.-Ing. W. Schmitz, Siegburg
Heißgas-Schweißung von Hart-Polyvinylchlorid mit Zusatzwerkstoff
1956, 44 Seiten, 27 Abb., 5 Tabellen, DM 12,50

HEFT 306

Prof. Dr. B. Rensch, Münster
Elektrophysiologische Untersuchungen zur Analysierung der Bildung von Assoziationen und Gedächtnisspuren in Gehirn und Rückenmark
Prof. Dr. A. Loeser, Münster
Akute und chronische Giftwirkungen sauerstoffhaltiger Lösungsmittel
1956, 36 Seiten, 9 Abb., DM 8,90

HEFT 307

Privatdozent Dr. J. Juilfs, Krefeld
Vergleichende Untersuchungen zur elastischen und bleibenden Dehnung von Fasern
1956, 36 Seiten, 11 Abb., DM 8,30

HEFT 308

Privatdozent Dr. J. Juilfs, Krefeld
Zur Messung der Fadenglätte
1956, 22 Seiten, 10 Abb., 2 Tabellen, DM 8,—

HEFT 309

Prof. Dr. K. Cruse und Mitarbeiter, Clausthal-Zellerfeld
Aufbau und Arbeitsweise eines universell verwendbaren Hochfrequenz-Titrationsgerätes
1957, 48 Seiten, 29 Abb., DM 11,90

HEFT 310

Dr. P. F. Müller, Bonn
Die Integrieranlage des Rheinisch-Westfälischen Instituts für Instrumentelle Mathematik in Bonn
1956, 62 Seiten, 6 Abb., 30 Satzskizzen, DM 14,45

HEFT 311

Prof. Dr. F. Wever und Dr. M. Hempel, Düsseldorf
Dauerschwingfestigkeit von Stählen bei erhöhten Temperaturen
Teil I: Erkenntnisse aus bisherigen Dauerschwingversuchen in der Wärme
1956, 48 Seiten, 19 Abb., 2 Tabellen, DM 10,90

HEFT 312

Prof. Dr. F. Wever und Dr. M. Hempel, Düsseldorf
Dauerschwingfestigkeit von Stählen bei erhöhten Temperaturen
Teil II: Zug-Druck-Dauerschwingversuche an zwei warmfesten Stählen bei Temperaturen von 500 bis 650°
1956, 48 Seiten, 20 Abb., 3 Tabellen, DM 13,—

SPRINGER FACHMEDIEN WIESBADEN GMBH

HEFT 313

Prof. Dr. F. Wever, Dr. W. Koch und Dipl.-Phys. H. Rohde, Düsseldorf
Änderungen des Babitus und der Gitterkonstanten des Zementits in Chromstählen bei verschiedenen Wärmebehandlungen
1956, 88 Seiten, 29 Abb., 8 Tabellen, DM 20,90

HEFT 314

Prof. Dr. F. Wever, Dr.-Ing. A. Krisch, Düsseldorf, und Dr.-Ing. H.-J. Wiester, Essen
Veränderungen im Gefügeaufbau von Chrom-Nickel-Molybdän-Stählen bei langzeitiger Beanspruchung im Zeitstandversuch bei 500°
1956, 48 Seiten, 26 Abb., 5 Tabellen, DM 11,70

HEFT 315

Prof. Dr. F. Wever und Dr.-Ing. A. Krisch, Düsseldorf
Metallkundliche Untersuchungen an Zeitstandproben
1956, 38 Seiten, 12 Abb., DM 9,15

HEFT 316

Dr. F. Keune, Aachen
Zusammenfassende Darstellung und Erweiterung des Aequivalenzsatzes für schallnahe Strömung
1956, 80 Seiten, 22 Abb., DM 17,90

HEFT 317

Dr.-Ing. J. Stelter, Aachen
Mikrobiologische Ultraschallwirkungen
1957, 106 Seiten, 41 Abb., 12 Tab., DM 23,90

HEFT 318

Dipl.-Ing. H. Kickert, Aachen
Über die Ausbreitung von Ultraschall in Luft
1957, 78 Seiten, 51 Abb., 7 Tab., DM 19,20

HEFT 319

Prof. Dr. C. Kröger, Aachen
Gemengereaktionen und Glasschmelze
1957, 118 Seiten, 53 Abb., 16 Tab., DM 26,—

HEFT 320

Dr. H.-E. Caspary, Köln
Verwendung von Szintillationszählern an Stelle von Zählrohren zur zerstörungsfreien Materialprüfung
1956, 42 Seiten, 13 Abb., 2 Tabellen, DM 10,10

HEFT 321

Prof. Dr. F. Wever, Düsseldorf, und Dr. W. Wepner, Köln
Gleichzeitige Bestimmung kleiner Kohlenstoff- und Stickstoffgehalte im *a*-Eisen durch Dämpfungsmessung
1956, 30 Seiten, 3 Abb., 4 Tabellen, DM 6,80

HEFT 322

Prof. Dr.-Ing. F. Bollenrath und Dipl.-Ing. W. Domke, Aachen
Eigenspannungen in vergüteten, dickwandigen Stahlzylindern nach Oberflächenhärtung mit induktiver Erwärmung
1956, 30 Seiten, 9 Abb., 2 Tabellen, DM 6,90

HEFT 323

Prof. Dr. R. Seyffert, Köln
Wege und Kosten der Distribution der Textilien, Schuh- und Lederwaren
1956, 98 Seiten, 37 Tabellen, 1 Falttaf., DM 12,—

HEFT 324

Prof. Dr.-Ing. H. Opitz, Dr.-Ing. E. Saljé und Dipl.-Ing. K. E. Schwartz, Aachen
Richtwerte für das Außenrund-Längs- und Einstechschleifen
1956, 62 Seiten, 44 Abb., 2 Tabellen, DM 13,85

HEFT 325

Prof. Dr. E. Schratz, Münster
Pharmakognostische Untersuchungen am Medizinal-Rhabarber
1957, 62 Seiten, 29 Abb., 3 Tabellen, DM 17,90

HEFT 326

Prof. Dr.-Ing. E. Essers und Mitarbeiter, Aachen
Deichselkräfte an Lastzügen
1957, 96 Seiten, 34 Abb., DM 22,10

HEFT 327

Prof. Dr.-Ing. habil. K. Krekeler und Dr.-Ing. H. Peukert, Aachen
Beitrag zur thermoelastischen Formbarkeit von Polyäthylen
1956, 56 Seiten, 49 Abb, 9 Tabellen, DM 12,80

HEFT 328

Dr. H. Maeder, Belo Horizonte
Schweißen von Temperguß
1957, 92 Seiten, 59 Abb., 42 Tabellen, DM 25,50

HEFT 329

Dipl.-Ing. A. Krüger, Karlsruhe, und Feuerwehr-Ing. R. Radusch, Dortmund
Wasserzerstäubung im Strahlrohr
1956, 86 Seiten, 21 Abb., 3 Tabellen, DM 18,65

HEFT 330

Dipl.-Physiker E. Pepping, Aachen
Die Durchflußzahl des Rechteckschlitzes in einer sehr großen Wand
1957, 54 Seiten, 21 Abb., DM 12,35

HEFT 331

Dipl.-Ing. G. Bretschneider, Ruit
Die Messung der wiederkehrenden Spannung mit Hilfe des Netzmodelles
1957, 46 Seiten, 21 Abb., 2 Tab., DM 11,20

HEFT 332

Prof. Dr.-Ing. R. Jaeckel und Dr. G. Reich, Bonn
Messung von Dampfdrucken im Gebiet unter 10^{-2} Torr
1956, 42 Seiten, 16 Abb., 2 Tabellen, DM 10,40

HEFT 333

Prof. Dipl.-Ing. W. Sturtzel und Dr.-Ing. W. Graff, Duisburg
I. Der Flachwassereinfluß auf den Form- und Reibungswiderstand von Binnenschiffen
II. Der Flachwassereinfluß auf die Nachstrom- und Sogverhältnisse bei Binnenschiffen
1956, 44 Seiten, 14 Abb., DM 9,80

HEFT 334

Prof. Dr. W. Weizel und Dr. G. Meister, Bonn
Spektralanalyse durch Messung des Interferenz-Kontrastes
1956, 42 Seiten, DM 9,80

HEFT 335

Prof. Dr. W. Weizel und H. Hornberg, Bonn
Untersuchungen der anodischen Teile einer Glimmentladung
1957, 62 Seiten, 14 Farbabb., 21 Abb., 1 Tab., DM 32,80

HEFT 336

Dr. Tung-ping Yao, Aachen
Die Viskosität metallischer Schmelzen
1957, 64 Seiten, 28 Abb., 2 Tab., DM 14,40

HEFT 337

Dr. R. Hoeppener und Dr. W. Bierther, Bonn
Tektonik und Lagestätten im Rheinischen Schiefergebirge
1957, 66 Seiten, 14 Abb., DM 16,25

HEFT 338

Prof. Dr.-Ing. W. Wegener, Aachen, und Dipl.-Ing. J. Schneider, M.-Gladbach
Die Bedeutung der Knotenart für die Herabminderung der Fadenbrüche
1957, 40 Seiten, 6 Abb., DM 11,90

HEFT 339

Prof. Dr.-Ing. W. Wegener und Dipl.-Ing. W. Zahn, Aachen
Vergleich des normalen mit verschiedenen abgekürzten Baumwollspinnverfahren in bezug auf Gleichmäßigkeit und Sortierungsstreuung der Garne
1956, 56 Seiten, 17 Abb., 17 Tabellen, DM 12,70

HEFT 340

Dipl.-Ing. W. Rohs und Dipl.-Ing. R. Otto, Bielefeld
Das Naßspinnen von Bastfasergarnen mit Spinnbadzusätzen unter Ausnutzung einer zentralen Spinnwasserversorgungsanlage
1956, 56 Seiten, 2 Abb., 6 Tabellen, DM 11,60

HEFT 341

Prof. Dr.-Ing. H. Winterhager und Dipl.-Ing. L. Werner, Aachen
Präzisions-Meßverfahren zur Bestimmung des elektrischen Leitvermögens geschmolzener Salze
1956, 44 Seiten, 19 Abb., 1 Tabelle, DM 10,60

HEFT 342

Prof. Dr.-Ing. H. Winterhager und Dipl.-Ing. W. Barthel, Aachen
Die Gewinnung von Titanschlackenkonzentraten aus eisenreichen Ilemniten
1957, 60 Seiten, 30 Abb., 6 Tab., DM 13,30

HEFT 343

Prof. Dr.-Ing. W. Petersen, Aachen, und Dipl.-Ing. S. Wawroschek, Aachen
Die zweckmäßigsten Gütebestimmungsverfahren und Brikettierungsbedingungen bei der Erzeugung von Braunkohlen-Eisenerz-Briketts
1956, 64 Seiten, 28 Abb., DM 13,95

HEFT 344

Prof. Dr.-Ing. W. Fucks, Aachen
Zur Deutung einfachster mathematischer Sprachcharakteristiken
1956, 38 Seiten, 12 Abb., DM 7,80

HEFT 345

Dipl.-Ing. G. Cerbe und Dipl.-Ing. H. Monstadt, Essen
Konvektive Trocknung mit gasbeheizter Luft und Trocknung durch Gasstrahler
1957, 46 Seiten, 16 Abb., DM 10,40

HEFT 346

Dipl.-Ing. O. Arnold, Aachen
Erfahrungen mit Kernbohrungen zur Lagerstättenuntersuchung im Erzbergbau
1957, 36 Seiten, 2 Abb., 3 Falttaf. 6 Tab., DM 8,80

HEFT 347

S. Ruff, F. Kipp, H. Hansteen und G. Müller, Bonn
Untersuchungen zur Frage der Gehörschädigungen des fliegenden Personals der Propellerflugzeuge
1957, 50 Seiten, 27 Abb., 3 Tab., DM 11,10

HEFT 348

Prof. Dr.-Ing. E. Piwowarsky und Dr.-Ing. E. G. Nickel, Aachen
Metallurgie eines hochwertigen Gußeisens mit kompakter bis kugelförmiger Graphitausbildung
1957, 54 Seiten, 27 Abb., 5 Tab., DM 13,30

HEFT 349

Dr.-Ing. W. A. Fischer, Dr.-Ing. H. Treppschuh und Dr.-Ing. K. H. Köthemann, Düsseldorf
Tiegel aus Schmelzmagnesia für Vakuuminduktionsöfen
1957, 34 Seiten, 14 Abb., DM 8,40

HEFT 350

Prof. Dr.-Ing. habil. K. Krekeler und Dr.-Ing. H. Peukert, Aachen
Das Spannungsverhalten der Kunststoffe bei der Verarbeitung
in Vorbereitung

HEFT 351

Prof. Dr.-Ing. H. Opitz, Dipl.-Ing. H. Axer und Dipl.-Ing. H. Rhode, Aachen
Zerspanbarkeit hochwarmfester und nichtrostender Stähle. Teil I
1957, 96 Seiten, 73 Abb., 2 Tab., DM 21,80

HEFT 352

Dipl.-Ing. H. Fauser, Aachen
Fahrdynamik und Batterie-Arbeitsverbrauch von Akkumulatorenlokomotiven im Untertagebetrieb
1957, 152 Seiten, 78 Abb., DM 36,10

HEFT 353

Forschungsinstitut für Rationalisierung, Aachen
Schlagwortregister zur Rationalisierung
1957, 376 Seiten, DM 56,—

HEFT 354

Dipl.-Ing. D. Wagener, Aachen
Auswirkungen neuer Gaserzeugungs-Verfahren unter Berücksichtigung der Auswirkung auf den Kokereibetrieb
in Vorbereitung

HEFT 355

Prof. Dr.-Ing. habil. K. Krekeler, Dr.-Ing. H. Peukert und Dipl.-Ing. A. Kleine-Albers, Aachen
Heißgas-Schweißungen von Weich-Polyvinylchlorid mit Zusatzwerkstoff
1957, 44 Seiten, 19 Abb., DM 11,—

HEFT 356

Dipl.-Phys. G. Gurke, Aachen
Aufbau einer Meßanlage für Untersuchungen elektrischer Gasentladung im Bereiche großer p. d.-Werte
1956, 38 Seiten, 13 Abb., DM 8,65

HEFT 357

Prof. Dr.-Ing. W. Fucks, Aachen
Mathematische Analyse der Formalstruktur von Musik
in Vorbereitung

HEFT 358

Prof. Dr. rer. nat. W. Weltzien, Dipl.-Chem. P. Ringel und Text.-Ing. H. Kirchhoff, Krefeld
Die Waschechtheit von Färbungen. Vergleichende Untersuchungen auf dem Gebiete der Echtheitsprüfung
in Vorbereitung

HEFT 359

Dr.-Ing. F. J. Meister, Düsseldorf
Veränderung der Hörschärfe, Lautheitsempfindung und Sprachaufnahme während des Arbeitsprozesses bei Lärmarbeitern
1957, 84 Seiten, 11 Abb., 40 Audiogramme, 41 Tab., DM 19,90

HEFT 360

Dr.-Ing. E. Barz, Remscheid
Fertigungsverfahren und Spannungsverlauf bei Kreissägeblättern für Holz
1957, 72 Seiten, 40 Abb., DM 17,—

HEFT 361

Dipl.-Ing. H. F. Klein, Aachen
Die nichtstationären Strömungsvorgänge und der Wärmeübergang in einem Schwingfeuergerät
1957, 84 Seiten, 34 Abb., 4 Falttafeln, DM 25,90

HEFT 362

Prof. Dr. med. G. Lehmann und Dipl.-Phys. D. Dieckmann, Dortmund
Die Wirkung mechanischer Schwingungen (0,5 bis 100 Hertz) auf den Menschen
1957, 100 Seiten, 53 Abb., 6 Tab., DM 22,50

SPRINGER FACHMEDIEN WIESBADEN GMBH

HEFT 363
Dr.-Ing. U. Domm, Frankenthal (Pfalz)
Über eine Hypothese, die den Mechanismus der Turbulenz-Entstehung betrifft
1956, 28 Seiten, 4 Abb., DM 6,45

HEFT 364
Prof. Dr. Th. Beste, Köln
Die Mehrkosten bei der Herstellung ungängiger Erzeugnisse im Vergleich zur Herstellung vereinheitlichter Erzeugnisse
1957, 352 Seiten, DM 50,—

HEFT 365
Sozialforschungsstelle an der Universität Münster, Dortmund
Standort und Wohnort
1957, Textband: 350 Seiten, 28 Karten, 73 Tab. Anlageband: 15 Karten, 21 Tab., DM 99,—

HEFT 366
Versuchsanstalt für Binnenschiffbau e. V., Duisburg
Bei Flachwasserfahrten durch die Strömungsverteilung am Boden und an den Seiten stattfindende Beeinflussung des Reibungswiderstandes von Schiffen
1957, 96 Seiten, 39 Abb., 28 Tab., DM 20,40

HEFT 367
Dr. rer. nat. D. Horstmann, Düsseldorf
Der Angriff eisengesättigter Zinkschmelzen auf kohlenstoff-, schwefel- und phosphorhaltiges Eisen
1957, 52 Seiten, 22 Abb., 6 Tab., DM 12,85

HEFT 368
Prof. Dr. phil. H. Kaiser, Dortmund
Entwicklung betriebsmäßiger spektrochemischer Analysenverfahren für technische Gläser
1957, 40 Seiten, 11 Abb., DM 9,10

HEFT 369
Prof. Dr.-Ing. R. Jaeckel und Dipl.-Phys. F. J. Schittko, Bonn
Gasabgabe von Werkstoffen ins Vakuum
1957, 48 Seiten, 20 Abb., 6 Tab., DM 13,30

HEFT 370
Dr. phil. habil. F. Schwarz, Köln
Physikochemische Grundlagen der Bildsamkeit von Kalken unter Einbeziehung des Begriffes der aktiven Oberfläche
in Vorbereitung

HEFT 371
Dr. phil. W. Lejeune, Köln
Beitrag zur statistischen Verifikation der Minderheiten-Theorie
in Vorbereitung

HEFT 372
Prof. Dr. phil. M. von Stackelberg, Bonn
Untersuchungen zur Ausarbeitung und Verbesserung von polarographischen Analysenmethoden. 2. Bericht
1957, 44 Seiten, 9 Abb., 7 Tab., DM 10,10

HEFT 373
Dipl.-Ing. H. J. Koch, Essen
Druckgasfeuerung — ein Verfahren zum Betrieb von Gasfeuerstätten
1957, 38 Seiten, 8 Abb., 10 Tab., DM 8,50

HEFT 374
Dr. E. Paproth, Krefeld
Paläontologische Bearbeitung der in den devonischen Schichten des Siegerlandes enthaltenen Faunen
1957, 38 Seiten, 3 Tab., DM 8,30

HEFT 375
Technischer Überwachungsverein e. V., Essen
Wanddickenmessungen mittels radioaktiver Strahlen und Zählrohrgerät
in Vorbereitung

HEFT 376
Technischer Überwachungsverein e. V., Essen
Wasserumlaufprobleme an Hochdruckkesseln
in Vorbereitung

HEFT 377
Technischer Überwachungsverein e. V., Essen
Versuche an Wanderrostkesseln mit befeuchteter Verbrennungsluft
in Vorbereitung

HEFT 378
Oberingenieur H. Stein, M.-Gladbach
Beobachtung und maßtechnische Erfassung der Vorgänge im Spinn- und Aufwindefeld von Ringspinn- und Ringzwirnmaschinen
1957, 104 Seiten, 88 Abb., 3 Tabellen, DM 26,90

HEFT 379
Laboratorium für textile Meßtechnik, M.-Gladbach
Schußfadenspannung beim Weben
1957, 76 Seiten, 17 Abb., 3 Tabellen, DM 18,60

HEFT 380
Dipl.-Phys. R. Trappenberg, Karlsruhe
Theoretische und experimentelle Untersuchungen zur Staubverteilung einer Rauchfahne
1957, 64 Seiten, 7 Abb., 18 Tabellen, DM 14,90

HEFT 381
Dr. J. Juilfs, Krefeld
Zur Dichtebestimmung von Fasern. Methoden und Beispiele der praktischen Anwendung
1957, 76 Seiten, 34 Abb., 18 Tabellen, DM 17,—

HEFT 382
Dr. phil. habil. P. Hölemann, Ing. R. Hasselmann und Ing. G. Dix, Dortmund
Die Messung von Flammen und Detonationsgeschwindigkeiten bei der explosiven Zersetzung von Acetylen in Rohren
1957, 36 Seiten, 7 Abb., 4 Tab., DM 8,10

HEFT 383
Dr. phil. habil. P. Hölemann und Ing. R. Hasselmann, Dortmund
Verlauf von Azetylenexplosionen in Rohren bei Gegenwart von porösen Massen
1957, 68 Seiten, 10 Abb., 15 Tabellen, DM 16,60

HEFT 384
Prof. Dr.-Ing. H. Opitz, Aachen
Schwingungsuntersuchungen an Werkzeugmaschinen
in Vorbereitung

HEFT 385
Prof. Dr.-Ing. H. Opitz, Aachen
Zerspanbarkeit hochwarmfester und nichtrostender Stähle. Teil II
1957, 86 Seiten, 54 Abb., 5 Tabellen, DM 19,30

HEFT 386
Prof. Dr.-Ing. H. Opitz, Aachen
Standzeituntersuchungen und Verschleißmessungen mit radioaktiven Isotopen
in Vorbereitung

HEFT 387
Prof. Dr. med. W. Kikuth und Dozent Dr. med. L. Grün, Düsseldorf
Die Verhütung von Infektion durch Desinfektion des Raumes und der Raumluft
1957, 96 Seiten, 14 Abb., 20 Tab., DM 22,50

HEFT 388
Prof. Dr. rer. nat. habil. W. Baumeister und Dr. rer. nat. H. Burghardt, Münster
Die Bedeutung der Elemente Zink und Fluor für das Pflanzenwachstum
1957, 48 Seiten, 17 Tab. DM 10,20

HEFT 389
Prof. Dr.-Ing. habil. H. Fink und K. W. Hoppenhaus, Köln
Die biologische Eiweiß-Synthese von höheren und niederen Pilzen und die alimentäre Lebernekrose der Ratte
1957, 76 Seiten, 2 Abb., 24 Tab., DM 15,60

HEFT 390
Dr.-Ing. J. Endres und Dr.-Ing. G. Hiebel, München
Berechnung der optimalen Leistungen, Kraftstoffverbräuche und Wirkungsgrade von Luftfahrt-Gasturbinen-Triebwerken am Boden und in der Höhe bei Fluggeschwindigkeiten von 0—2000 km/h und bei vorgegebenen Düsenausströmgeschwindigkeiten
in Vorbereitung

HEFT 391
Prof. Dr. phil. F. Wever, Dr. phil. W. Koch und Dipl.-Chem. F. Stricker, Düsseldorf
Die quantitative spektrographische Analyse von Gasgemischen aus Kohlenmonoxyd, Wasserstoff und Stickstoff
1957, 48 Seiten, 21 Abb., 3 Tab., DM 11,30

HEFT 392
Prof. Dr. phil. F. Wever u. a., Düsseldorf
Untersuchungen über den Konverterrauch im Hinblick auf die spektrale Überwachung des Thomasprozesses
1957, 48 Seiten, 14 Abb., 4 Tab., DM 12,10

HEFT 393
Dr.-Ing. O. Viertel und S. Brückner-Lucas, Krefeld
Arbeitszeitstudien an Haushaltwaschmaschinen
1957, 74 Seiten, 8 Abb., 13 Tab., DM 17,30

HEFT 394
Privatdozent Dr. med. W. Koch, Münster
Die Ablagerung radioaktiver Substanzen im Knochen
in Vorbereitung

HEFT 395
Dipl.-Ing. L. Hahn, Clausthal-Zellerfeld
Untersuchungen zur Frage des optimalen Bohrloch- und Patronendurchmessers
1957, 132 Seiten, 49 Abb., 19 Tab., DM 31,25

HEFT 396
Prof. Dr.-Ing. F. Schultz-Grunow, Dr.-Ing. A. Jogerich, Essen, Dipl.-Ing. H. Meyer, cand. ing. P. Sand, Aachen
Untersuchungen des Luftwiderstandes von Güterwagen
1957, 42 Seiten, 18 Abb., 5 Tab., DM 10,90

HEFT 397
Techn.-Wissenschaftliches Büro für die Bastfaserindustrie, Bielefeld
Ungleichmäßigkeiten in Bändern von Bastfaserkarden, ihre Ursachen und Auswirkungen
1957, 60 Seiten, 18 Abb., 1 Tab., DM 14,80

HEFT 398
Prof. Dr. habil. H. E. Schwiete, Aachen, u. a.
Einlagerungsversuche an synthetischem Mullit I. — Die Zusammensetzung der Schmelzphase in Schamottesteinen I
1957, 58 Seiten, 6 Abb., 9 Tab., DM 14,40

HEFT 399
Prof. Dr. habil. H. E. Schwiete und Dr.-Ing. R. Vinkeloe, Aachen
Möglichkeiten der quantitativen Mineralanalyse mit dem Zählrohrgerät unter besonderer Berücksichtigung der Mineralgehaltsbestimmung von Tonen
in Vorbereitung

HEFT 400
Prof. Dr. phil. W. Fuchs und Dipl.-Chem. H. Weyerstrass, Aachen
Entwicklung eines Heißfilters zur Reinigung von Gichtgas eines mit Kohle betriebenen Niederschachtofens
1958, 88 Seiten, 30 Abb., DM 20,20

HEFT 401
Prof. Dr.-Ing. M. Lipp und Dipl.-Chem. G. Frielingsdorf, Aachen
Darstellung reaktionsfähiger Verbindungen des Camphansystems und Versuche zu deren Fluorierung
1957, 84 Seiten, DM 17,—

HEFT 402
Prof. Dr. W. Linke, Aachen
Die Wärmeübertragung durch Thermopane-Fenster
in Vorbereitung

HEFT 403
Prof. Dr.-Ing. P. Denzel und Dipl.-Ing. W. Cremer, Aachen
Verbesserung der Benutzungsdauer der Höchstlast in ländlichen Netzen durch Anwendung elektrischer Geräte in der Landwirtschaft
1957, 46 Seiten, 23 Abb., DM 12,10

HEFT 404
Prof. Dr. R. Jaeckel und Dipl.-Phys. F. Gross, Bonn
Die Löslichkeit von Gasen in schwerflüchtigen organischen Flüssigkeiten
1957, 46 Seiten, 17 Abb., 1Tab., DM 11,50

HEFT 405
Prof. Dr.-Ing. H. Opitz und Dipl.-Ing. H. Schuler, Aachen
Untersuchungen für einen Wirtschaftlichkeitsvergleich der Feinbearbeitungsverfahren
in Vorbereitung

HEFT 406
W. Kirsch, Remscheid
Entwicklungsarbeiten auf dem Gebiete des Korrosionsschutzes
1957, 86 Seiten, 28 Abb., 11 Tabellen, DM 19,—

HEFT 407
Prof. Dr.-Ing. H. Schenk, Aachen, und Dr.-Ing. W. Wenzel, Bad Godesberg
Entwicklungsarbeiten auf dem Gebiete der Verhüttung von Erzstaub in Schmelzkammern
1957, 82 Seiten, 9 Abb., 18 Tabellen, DM 17,10

HEFT 408
Prof. Dr. phil. F. Wever, Dr.-Ing. W. Lueg und Dr.-Ing. H. G. Müller, Düsseldorf
Kraft- und Arbeitsbedarf beim Warmscheren von Stahl in Abhängigkeit von Temperatur und Schnittgeschwindigkeit
1957, 46 Seiten, 15 Abb., 3 Tab., DM 11,35

SPRINGER FACHMEDIEN WIESBADEN GMBH

HEFT 409
Prof. Dr. phil. F. Wever, Dr. phil. W. Koch, Dr. rer. nat. Ch. Ilschner-Gensch und Dipl.-Phys. H. Rohde, Düsseldorf
Das Auftreten eines kubischen Nitrids in aluminiumlegierten Stählen
1957, 38 Seiten, 12 Abb., 3 Tabellen, DM 10,10

HEFT 410
Prof. Dr. phil. F. Wever, Prof. Dr. rer. techn. A. Kochendörfer, Dr. phil. nat. M. Hempel, Düsseldorf und Dipl.-Phys. E. Hillenhagen, Köln
Biegewechselversuche mit Flachproben aus Alpha-Eisen-Einkristallen zur Bestimmung der Wechselfestigkeit und der Gleitspuren
1957, 112 Seiten, 58 Abb., 3 Tabellen, DM 30,—

HEFT 411
Prof. Dr. W. Halbsguth und Dr. L. Sommer, Frankfurt/M.
Grundlegende Versuche zur Keimungsphysiologie von Pilzsporen
1957, 100 Seiten, 13 Abb., 32 Tabellen., DM 22,70

HEFT 412
Prof. Dr.-Ing. H. Opitz, Aachen
Kennwerte und Leistungsbedarf für Werkzeugmaschinengetriebe
in Vorbereitung

HEFT 413
Prof. Dr.-Ing. H. Opitz, Aachen
Richtwerte für das Fräsen von unlegierten und legierten Baustählen mit Hartmetall, Teil II
1957, 56 Seiten, 35 Abb., 4 Tabellen, DM 14,40

HEFT 414
Dr. med. H. K. Parchwitz und Dr. med. C. Winkler, Bonn
Speicherung organischer Farbstoffe und künstlich radioaktiver Substanzen in Geschwülsten
1958, 46 Seiten, 14 Abb., DM 13,35

HEFT 415
Prof. Dr.-Ing. W. Paul, Dr. rer. nat. O. Osberghaus und Dipl.-Phys. E. Fischer, Bonn
Ein Ionenkäfig
in Vorbereitung

HEFT 416
Oberreg.-Gewerberat Dipl.-Ing. G. Steinicke, Hamburg
Die Wirkung von Lärm auf den Schlaf des Menschen
1957, 46 Seiten, 14 Abb., 8 Tab., DM 11,60

HEFT 417
Prof. Dr.-Ing. habil. E. Rößger, Berlin
I. Teil: Die Entwicklung des Weltluftverkehrs, Ergänzungsbericht 1954
II. Teil: Die zivile Luftfahrtpolitik der USA
1957, 230 Seiten, 6 Abb., 83 Tab., DM 48,—

HEFT 418
O. Gdaniec, Mülheim/Ruhr
Über die Randlochkarte als Hilfsmittel in der Dokumentation
1957, 44 Seiten, 15 Abb., 8 Tab., DM 10,10

HEFT 419
Dipl.-Ing. K. Brooks
Die Messungen der Reflexionseigenschaften künstlicher und natürlicher Materialien mit quasi-optischen Methoden bei Mikrowellen
1957, 78 Seiten, 52 Abb., DM 20,35

HEFT 420
Dipl.-Ing. M. Vogel, Oberpaffenhofen
Das Spektralgebiet zwischen dem langwelligen Ultrarot und Mikrowellen
1957, 66 Seiten, 2 Abb., DM 13,50

HEFT 421
ORR Dipl.-Volkswirt Dr. H. Rogmann, Düsseldorf
Die Erforschung der Verkehrskonjunktur und der langzeitigen Dynamik in der Verkehrswirtschaft (Zusammenfassung der eingegangenen Stellungnahmen und Vorschläge)
1957, 168 Seiten, 3 Falttafeln, DM 26,60

HEFT 422
Prof. Dr.-Ing. K. Leist und Dipl.-Ing. W. Dettmering, Aachen
Prüfstände zur Messung der Druckverteilung an rotierenden Schaufeln
in Vorbereitung

HEFT 423
Prof. Dr.-Ing. K. Leist und Dr.-Ing. O. Thun, Aachen
Strömungsmessungen über Brennkammer-Wirkungsgrade
in Vorbereitung

HEFT 424
Prof. Dr.-Ing. K. Leist und Dipl.-Ing. I. Weber, Aachen
Spannungsoptische Untersuchungen von rotierenden Scheiben mit exzentrischen Bohrungen
in Vorbereitung

HEFT 425
Dipl.-Ing. H. Lübke, Hamburg
Gasturbinen und Strahlantriebe für Hubschrauber
in Vorbereitung

HEFT 426
Prof. Dr.-Ing. H. Opitz und Dipl.-Ing. W. Scholz, Aachen
Untersuchungen über den Räumvorgang
1957, 74 Seiten, 36 Abb., 7 Tab., DM 16,55

HEFT 427
Dr.-Ing. J. Endres, München
Kinematische Untersuchung eines Zweitakt-Hochleistungs-Dieseltriebwerks mit achsparallelen Zylindern und gegenläufigen Kolben
in Vorbereitung

HEFT 428
Dr.-Ing. J. Endres, München
Untersuchungen der Beschleunigungsverhältnisse eines Zweitakt-Hochleistungs-Dieseltriebwerks mit achsparallelen Zylindern und gegenläufigen Kolben
in Vorbereitung

HEFT 429
Prof. Dr. O. Kuhn, Köln
Selektive Wirkung verschiedener Stoffgruppen auf tierische Gewebe
1957, 54 Seiten, 32 Abb., DM 13,15

HEFT 430
Prof. Dr. G. Garbotz, Aachen und Dr.-Ing. G. Dress, Cadiz
Untersuchungen über das Kräftespiel an Flachbaggerschneidwerkzeugen in Mittelsand und schwach bindigem, sandigem Schluff unter besonderer Berücksichtigung der Planierschilde und ebenen Schürfkübelschneiden
in Vorbereitung

HEFT 431
Prof. Dr.-Ing. H. Winterhager, Dr.-Ing. R. Kammel und Dipl.-Ing. W. Barthel, Aachen
Fortschritte auf dem Gebiet der Titanmetallurgie 1950—1955
1957, 160 Seiten, DM 34,50

HEFT 432
Dipl.-Phys. R. Werz, Bonn
Die Entwicklung einer Synchrozyklotron-Ionenquelle
in Vorbereitung

HEFT 433
Dr.-Ing. G. Satlow, Aachen
Über einige physikalische und chemische Eigenschaften der Wolle von der gewaschenen Wolle bis zum Kammzug
1957, 72 Seiten, 15 Abb., 19 Tab., DM 15,25

HEFT 434
Dipl.-Ing. W. Rohs und Dr. J. Geurten, Bielefeld
Schlichten für Baumwollgarne
1957, 108 Seiten, 3 Abb., zahlreiche Tab., DM 23,70

HEFT 435
Dipl.-Ing. W. Rohs und Dipl.-Ing. L. Steinmetz, Bielefeld
Die Masseungleichmäßigkeit von Flachstreckenbändern in Abhängigkeit von Verzug und Dopplung
1957, 42 Seiten, 4 Abb., 2 Tabellen, DM 9,90

HEFT 436
Priv.-Doz. Dr. habil. J. Juilfs, Krefeld
Zur Bestimmung der Reißlast (Zugfestigkeit) von Fasern, Fäden und Garnen
in Vorbereitung

HEFT 437
Prof. Dr. G. Schmölders und Dr. I. Meyer, Köln
Geldwertbewußtsein und Münzpolitik. — Das sogenannte Gresham'sche Gesetz im Lichte der ökonomischen Verhaltensforschung
1957, 92 Seiten, DM 20,30

HEFT 438
Prof. Dr.-Ing. H. Winterhager und Dr.-Ing. L. Werner, Aachen
Bestimmung des elektrischen Leitvermögens geschmolzener Fluoride
1957, 52 Seiten, 18 Abb., 10 Tab., DM 11,90

HEFT 439
Prof. Dr. phil. H. Lange, Köln und Dr. rer. nat. R. Kohlhaas, Neuß/Rh.
Anwendung der thermomagnetischen Analyse zum Studium des Umwandlungsverhaltens von Eisenwerkstoffen im Temperaturbereich von —150° C bis +1500° C
in Vorbereitung

HEFT 440
Dr.-Ing. H. Wolf, Aachen
Gekoppelte Hochfrequenzleitungen als Richtkoppler
in Vorbereitung

HEFT 441
Dr. phil. habil. P. Hölemann und Ing. R. Hasselmann, Düsseldorf
Messung des Temperatur- und Druckverlaufes beim Füllen und Entspannen von Dissousgas
1957, 52 Seiten, 6 Abb., 7 Tab., DM 11,25

HEFT 442
Dipl.-Ing. W. Rohs, Text.-Ing. Griese und Text.-Ing. W. Lauer, Bielefeld
Die Auswirkungen der Trocknungsart naßgesponnener Leinengarne auf deren Verarbeitungswirkungsgrad sowie auf die Festigkeits- und Dehnungseigenschaften der Garne und Gewebe
1957, 28 Seiten, 2 Abb., 3 Tab., DM 6,50

HEFT 443
Prof. Dr. phil. W. Weizel und K. Kluth, Bonn
Über die Struktur der positiven Gleitentladungen
1957, 44 Seiten, 30 Abb., DM 12,20

HEFT 444
Dr.-Ing. W. Wilhelm, Aachen
Einfluß der Saugrohrabmessung, der Einlaßsteuerlage und der Größe des Kurbelkastenvolumens auf den Ladungswechsel eines Einzylinder-Zweitakt-Dieselmotors
in Vorbereitung

HEFT 445
Dr.-Ing. E. Barz, Remscheid
Fertigungs- und Prüfverfahren für Feilen
vergriffen

HEFT 446
Dr. med. G. Schäfer
Glutationsstoffwechsel und Sauerstoffmangel
1957, 28 Seiten, 5 Tab., DM 6,40

HEFT 447
Prof. Dr.-Ing. F. Bollenrath, Aachen, Dr.-Ing. H. Füllenbach, Seesen/Harz und Dipl.-Ing. J. Schumacher, Neubeckum/Westf.
Entwicklung rationell arbeitender Spritzkabinen
in Vorbereitung

HEFT 448
Dr. med. C. Winkler, Bonn
Ein Koinzidenz-Szintillometer zum Zwecke der Schilddrüsenfunktionsdiagnostik und der Tumordiagnostik
1957, 32 Seiten, 12 Abb., DM 8,35

HEFT 449
Priv.-Doz. Oberbaurat Dr.-Ing. W. Meyer zur Capellen und Mitarbeiter, Aachen
Bewegungsverhältnisse an der geschränkten Schubkurbel
in Vorbereitung

HEFT 450
Prof. Dr.-Ing. W. Paul, Bonn, und Dipl.-Phys. H. P. Reinhard, M.-Gladbach
Das elektrische Massenfilter als Isotopentrenner
in Vorbereitung

HEFT 451
Prof. Dr. G. Schmölders, Köln
Rationalisierung und Steuersystem
1957, 78 Seiten, DM 17,15

HEFT 452
Prof. Dr. rer. nat. W. Weltzien und Dr. phil. K. Windeck, Krefeld
Veränderungen an Fasern bei der Bleiche mit Natriumchlorid und über einige Vergilbungserscheinungen
1957, 64 Seiten, 3 Abb., 13 Tabellen, DM 14,85

HEFT 453
Forschungsinstitut der Feuerfest-Industrie, Bonn
Die Arbeiten der technisch-wissenschaftlichen Kommission der PRE (Vereinigung der europäischen Feuerfest-Industrie)
1957, 62 Seiten, 9 Abb., 18 Tabellen, DM 14,75

HEFT 454
Dr.-Ing. W. Piepenburg, Dipl.-Ing. B. Bühling und Bauing. J. Behnke, Köln
Haftfestigkeit der Putzmörtel
in Vorbereitung

SPRINGER FACHMEDIEN WIESBADEN GMBH

HEFT 455

Dr.-Ing. W. A. Fischer, Dr.-Ing. H. Treppschuh und Dipl.-Phys. K. H. Köthemann, Düsseldorf

Erschmelzung von Reinsteisen nach dem Kohlenstoffproduktionsverfahren und Kerbschlagzähigkeit-Temperatur-Kurven dieses Eisens

1957, 38 Seiten, 7 Abb., 6 Tabellen, DM 9,35

HEFT 456

Priv.-Doz. Dir. Dr.-Ing. K. Bungardt, Essen

Zeitstandversuche an austenitischen Stählen und Legierungen

in Vorbereitung

HEFT 457

Prof. Dr. phil. F. Wever, Düsseldorf und Dr. phil. W. Wepner, Köln

Dämpfungsmessungen an schwach gereckten Eisen-Kohlenstoff-Legierungen

1957, 34 Seiten, 7 Abb., 3 Tab., DM 8,40

HEFT 458

Prof. Dr.-Ing. H. Schenck und Dr.-Ing. E. Schmidtmann, Aachen

Das Frischen von Thomas-Roheisen mit Sauerstoff-Wasserdampf-Gemischen und die Eigenschaften der damit erblasenen Stähle

1957, 62 Seiten, 56 Abb., DM 16,35

HEFT 459

Prof. Dr. phil. F. Wever, Dr. phil. O. Krisement und Hanna Schädler, Düsseldorf

Ein isothermes Mikrokalorimeter zur kinetischen Messung von Umwandlungs- und Ausscheidungsvorgängen in Legierungen

1957, 44 Seiten, 14 Abb., DM 10,75

HEFT 460

Prof. Dr. phil. F. Wever und Dr. rer. nat. B. Ilschner, Düsseldorf

Ein isothermes Lösungskalorimeter zur Bestimmung thermo-dynamischer Zustandsgrößen von Legierungen

1957, 44 Seiten, 7 Abb., 4 Tabellen, DM 10,40

HEFT 461

Prof. Dr.-Ing. habil. E. Piwowarski †, Prof. Dr.-Ing. W. Patterson und Dipl.-Ing. F. W. Iske, Aachen

Verbesserung der Zähigkeitseigenschaften von Bessemer-Stahlguß

1958, 54 Seiten, 15 Abb., 16 Tabellen, DM 12,75

HEFT 462

Prof. Dr. rer. nat. J. Weissinger

Zur Aerodynamik des Ringflügels — II. Die Ruderwirkung

Zur Aerodynamik des Ringflügels — III. Der Einfluß der Profildicken

1957, 82 Seiten, 7 Abb., 6 Tabellen, DM 18,20

HEFT 463

Dipl.-Ing. G. Plüss, Essen-Steele

Die Aufteilung der verbrennlichen Bestandteile in Verbrennungsgasen auf CO und H_2 bei Verbrennung mit Luftunterschuß und bei Luftüberschuß und künstlicher Flammenkühlung

1957, 34 Seiten, 7 Abb., 2 Tabellen, DM 8,40

HEFT 464

Dr. phil. habil. P. Hölemann und Ing. R. Hasselmann, Dortmund

Die Möglichkeit der Zündung von Acetylen in Rohrleitungen beim Ausbleiben mit Stickstoff

1957, 38 Seiten, 6 Abb., 6 Tabellen, DM 9,20

HEFT 465

Dr.-Ing. R. Koch, Köln

Amerikanische Fertigungsunterlagen und ihre Werkstattreifmachung für deutsche Betriebe

in Vorbereitung

HEFT 466

Prof. Dr.-Ing. J. Mathieu, Aachen

Überbetrieblicher Verfahrensvergleich

in Vorbereitung

HEFT 467

Prof. Dr. Dr. h. c. E. Klenk und Dr. phil. H. Faillard, Köln

Neue Erkenntnisse über den Mechanismus der Zellinfektion durch Influenzavirus

Die Bedeutung der Neuraminsäure als Zellreceptor für das Influenzavirus

1957, 52 Seiten, 5 Abb., DM 14,40

HEFT 468

Prof. Dr. med. Dr. med. dent. G. Korkhaus und Dr. med. R. Alfter, Bonn

Die Vakuumwurzelbehandlung

in Vorbereitung

HEFT 469

Dr. sc. agr. F. Riemann und Dipl.-Volksw. R. Hengstenberg, Göttingen

Zur Industrialisierung kleinbäuerlicher Räume

1957, 138 Seiten, 4 Karten, 23 Tab., DM 27,—

HEFT 470

O. Wehrmann

Hitzdrahtmessungen in einer aufgespaltenen Kármánschen Wirbelstraße

1957, 42 Seiten, 14 Abb., 4 Tabellen, DM 10,90

HEFT 471

Prof. Dr. phil. habil. A. Naumann, Dr.-Ing. A. Heyser und Dr. phil. Dipl.-Ing. W. Trommsdorf, Aachen

Der Überdruck-Windkanal in Aachen

1957, 44 Seiten, 20 Abb., DM 11,—

HEFT 472

Dipl.-Ing. A. Freitag, Essen-Steele

Verhalten von Katalytstrahlern bei Betrieb mit Luftvormischung zum Gas und der Verbrennung von Luft gegen eine Gasatmosphäre

in Vorbereitung

HEFT 473

Prof. Dr. phil. F. Wever, Dr.-Ing. W. Lueg und Dipl.-Ing. P. Funke jr. Düsseldorf

Versuche an einer hydraulischen 25 t-Stangenziehbank

1957, 34 Seiten, 11 Abb., DM 8,95

HEFT 474

Dr.-Ing. R. Ibing und Dipl.-Ing. G. Meier, Hannover

Eichung und Entwicklung von Staubentnahmesonden

in Vorbereitung

HEFT 475

Prof. Dipl.-Ing. W. Sturtzel, Obering. Helm und Dipl.-Ing. Heuser, Duisburg

Systematische Ruderversuche mit einem Schleppkahn und einem Binnenselbstfahrer vom Typ „Gustav Koenigs"

in Vorbereitung

HEFT 476

Prof. Dipl.-Ing. W. Sturtzel und Dipl.-Ing. Schmidt-Stiebitz, Duisburg

Einfluß der Hinterschiffsform auf das Manövrieren von Schiffen auf flachem Wasser

in Vorbereitung

HEFT 477

Dr. K. Utermann, Dortmund

Freizeitprobleme bei der männlichen Jugend einer Zechengemeinde

1957, 56 Seiten, DM 12,75

HEFT 478

Prof. Dr.-Ing. habil. W. Petersen und Dr.-Ing. S. Wawroschek, Aachen

Brikettierungsversuche zur Erzeugung von Möllerbriketts unter Verwendung von Braunkohle

1957, 102 Seiten, 42 Abb., 6 Tabellen, DM 24,25

HEFT 479

Prof. Dr.-Ing. W. Wegener, Aachen, und Dipl.-Ing. H. Fourné, Bochum

Ursachen des Überschreitens der Toleranzgrenze nach oben oder unten (Meter pro Gramm) an der Strecke

1958, 60 Seiten, 17 Abb., 3 Tabellen, DM 14,60

HEFT 480

Dr. phil. K. Brücker-Steinkuhl, Düsseldorf

Anwendung mathematisch-statistischer Verfahren bei der Fabrikationsüberwachung

in Vorbereitung

HEFT 481

Oberbaurat Dr.-Ing. W. Meyer zur Capellen, Aachen

Fünf- und sechspunktige Geradführung in Sonderlagen des ebenen Gelenkvierecks

in Vorbereitung

HEFT 482

Dipl.-Ing. R. Pels-Leusden und Dr. K. Bergmann, Essen

Die Frostbeständigkeit von Ziegeln; Einflüsse der Materialzusammensetzung und des Brandes

in Vorbereitung

HEFT 483

Prof. Dr.-Ing. habil. F. A. F. Schmidt, Aachen

Gemischbildungs-, Selbstzündungs- und Verbrennungsvorgänge als Grundlage für Entwicklungsarbeiten an Gasturbinenbrennkammern

in Vorbereitung

HEFT 484

Prof. Dr. habil. H. E. Schwiete und Dr. G. Schwiete, Aachen

Beitrag zur Struktur des Montmorillonit

in Vorbereitung

HEFT 485

Prof. Dr. phil. E. Jenckel, Aachen, Dr. H. Wilsing, Dormagen, Dr. H. Dörffurt, Wesseling/Bez. Köln und Dipl.-Phys. H. Rinkens, Eschweiler

Kristallisation und Hochpolymeren

in Vorbereitung

HEFT 486

Doz. Dr. med. E. Lerche und Dr. med. J. Schulze, Aachen

Hörermüdung und Adaptation im Tierexperiment

in Vorbereitung

HEFT 487

Prof. Dipl.-Ing. W. Blume, Duisburg

Festigkeitseigenschaften kombinierter Leichtbaustoffe im Hinblick auf die Verkehrstechnik, insbesondere des Flugzeugbaus

in Vorbereitung

HEFT 488

Prof. Dr. habil. H. E. Schwiete und Dipl.-Chem. H. Westmark

Beitrag zur Kennzeichnung der Texturen von Schamottesteinen

in Vorbereitung

HEFT 489

Dipl.-Math. K. H. Müller

Strenge Lösungen der Navier-Stokes-Gleichung für rotationssymmetrische Strömungen

1957, 64 Seiten, 23 Abb., DM 14,85

HEFT 490

Hauptstelle für Staub- und Silikosebekämpfung des Steinkohlenbergbauvereins, Essen-Rüttenscheid

Zur Staub- und Silikosebekämpfung im Steinkohlenbergbau

in Vorbereitung

HEFT 491

Prof. Dr. Fr. Lotze und K. Kötter, Münster

Chloridgehalte des oberen Emsgebietes und ihre Beziehungen zur Hydrogeologie

in Vorbereitung

HEFT 492

Prof.-Dr. phil. J. Meixner und B. Manz, Aachen

Zur Theorie der irreversiblen Prozesse in α-Eisen

in Vorbereitung

HEFT 493

Prof. Dr. phil. habil. A. Naumann und Dipl.-Ing. H. Pfeiffer, Aachen

Versuche an Wirbelstraßen hinter Zylindern bei hohen Geschwindigkeiten

in Vorbereitung

HEFT 494

Dipl.-Ing. W. Rohs und Text.-Ing. Griese, Bielefeld

Entwicklung und Erprobung eines verbesserten elektrischen Kettfadenwächtergeschirrs für die Leinen- und Halbleinenweberei

1957, 56 Seiten, 9 Abb., 11 Tabellen, DM 13,—

HEFT 495

Prof. Dr. phil. E. Asmus und Dr. rer. nat. H.-F. Kurandt, Berlin

Einige analytische Anwendungen der Zincke-Königschen Reaktion

in Vorbereitung

HEFT 496

Dipl.-Chem. P. Vogel, Krefeld

Färberische Eigenschaften von zur Herstellung von Verdickungen in der Stoffdruckerei bestimmten Sorten

1957, 38 Seiten, 3 Abb., 3 Tabellen, DM 9,30

HEFT 497

Oberarzt Dr. med. G. Mußgnug, Bottrop

Die Knochenveränderungen und der Knochenstoffwechsel beim Sudeck-Syndrom

1958, 58 Seiten, 18 Abb., DM 13,85

HEFT 498

Prof. Dr.-Ing. H. Zahn und Dr. rer. nat. W. Gerstner, Aachen

Herstellung säurefester technischer Gewebe

1957, 40 Seiten, 8 Tabellen, DM 9,65

HEFT 499

Priv.-Doz. Dr. J. Juilfs, Krefeld

Die Bestimmung des Wasserrückhaltevermögens (bzw. des Quellwertes) von Fasern

in Vorbereitung

SPRINGER FACHMEDIEN WIESBADEN GMBH

HEFT 500
Priv.-Doz. Dr. J. Juilfs, Krefeld
Vergleichende Untersuchungen am Schopper-Scheuer-prüfgerät
in Vorbereitung

HEFT 501
Dipl.-Ing. W. Rohs und Dr. J. Geurten, Bielefeld
Untersuchungen in der Leinengarnbleiche
in Vorbereitung

HEFT 502
Prof. Dr. M. Diem und Dr. R. Trappenberg, Karlsruhe
Berechnung der Ausbreitung von Staub und Gas
1957, 200 Seiten, mit zahlreichen Diagr., DM 37,30

HEFT 503
Dr. rer. nat. J. Faßbender, Bonn
Untersuchungen über die Eigenschaften von Cadmiumsulfid-Sandwich-Zellen
1957, 36 Seiten, 8 Abb., DM 8,80

HEFT 504
Prof. Dr. phil. F. Wever, Dr. phil. W. Wink und Dr. rer. nat. W. Jellinghaus, Düsseldorf
Versuchsanordnung zur Messung der Suszeptibilität paramagnetischer Stoffe und Meßergebnisse an Nickel-Chrom- und Kobalt-Nickel-Chrom-Werkstoffen
in Vorbereitung

HEFT 505
Prof. Dr.-Ing. F. A. F. Schmidt und Dipl.-Ing. H. Heitland, Aachen
Einfluß des Selbstzündungsverhaltens der Kraftstoffe auf den Verbrennungsablauf, Wirkungsgrad und Druckverlust von Hochleistungsbrennkammern
in Vorbereitung

HEFT 506
Prof. Dr.-Ing. W. Meyer zur Capellen, Aachen
Der Flächeninhalt von Koppelkurven. — Ein Beitrag zu ihrem Formenwandel
in Vorbereitung

HEFT 507
Prof. Dr. H. Kaiser, Dr. G. Bergmann und Dr. G. Gresze, Dortmund
Kartei zur Dokumentation in der Molekülspektroskopie
in Vorbereitung

HEFT 508
Dr. H. Schmidt-Ries, Krefeld
Limnologische Untersuchungen des Rheinstromes I (Hydrobiologische und physiographische Untersuchungen)
in Vorbereitung

HEFT 509
Dr. Schmidt-Ries, Krefeld
Limnologische Untersuchungen des Rheinstromes I (Tabellenwerk)
in Vorbereitung

HEFT 510
Prof. Dr. rer. nat. W. Groth und Dr.-Ing. K. Bayerle, Bonn
Anreicherung der Uranisotope nach dem Gaszentrifugenverfahren
in Vorbereitung

HEFT 511
H. Wahl, G. Kantenwein und W. Schäfer, Essen
Gesteinsbohr-Modellversuche zur Frage des Drehbohrens, Schlagbohrens und Drehschlagbohrens
in Vorbereitung

HEFT 512
Prof. Dr. H. Strassl, Bonn
Azimut-Monogramme für alle Stundenwinkel und Deklinationen im Bereich der geographischen Breiten von —80° bis +80°
in Vorbereitung

HEFT 513
Prof. Dr. W. Schmitz und Dr. rer. F. Schmitt, Mülheim/Ruhr
Die Verwendung des Magnetbandgerätes zur Speicherung des Kurvenverlaufs elektrischer Ströme
in Vorbereitung

HEFT 514
Dr. rer. nat. M.-E. Meffert, Essen
Die Kultur von Scenedesmus obliquus in Abwasser
1957, 46 Seiten, 7 Abb., 7 Tabellen, DM 10,85

HEFT 515
Prof. Dr. habil. H. E. Schwiete und Dr.-Ing. Chr. Hummel, Aachen
Thermochemische Untersuchungen im System SiO_2 und Na_2O—SiO_2
in Vorbereitung

HEFT 516
Prof. Dr.-Ing. H. Müller, Dipl.-Ing. F. Reinke und Dipl.-Ing. W. Sorgenicht, Essen
Gesamtstrahlungsmessungen der Temperaturstrahlung
in Vorbereitung

HEFT 517
Prof. Dr. med. G. Lehmann und Dr. med. J. Meyer-Delius, Dortmund
Gefäßreaktionen der Körperperipherie bei Schalleinwirkung
in Vorbereitung

HEFT 518
Dr.-Ing. H. Scheffler, Dortmund
Funktionelle Zusammenhänge der dynamischen Einflußgrößen beim handgeführten Druckluft-Abbauhammer und ihre Berücksichtigung für die Konstruktion rückstoßarmer Hämmer
in Vorbereitung

HEFT 519
Prof. Dr. phil. F. Wever, Dr. phil. W. Koch und Dr. phil. S. Eckhard, Düsseldorf
Die spektrographische Bestimmung der Spurenelemente in Stahl ohne vorherige Abbrennung
in Vorbereitung

HEFT 520
Prof. Dr.-Ing. H. Opitz, Dipl.-Ing. H. Obrig und Dipl.-Ing. P. Kips, Aachen
Untersuchung neuartiger elektrischer Bearbeitungsverfahren
in Vorbereitung

HEFT 521
Prof. Dr.-Ing. H. Opitz und Dipl.-Ing. K. E. Schwartz, Aachen
Das Abrichten von Schleifscheiben mit Diamanten
in Vorbereitung

HEFT 522
J. Lorentz und K. Brocks
Elektrische Meßverfahren in der Geodäsie
in Vorbereitung

HEFT 523
K. Eberts
Entwicklungen einiger Meßverfahren und einer Frequenz- und amplitudenstabilisierten Meßeinrichtung zur gleichzeitigen Bestimmung der komplexen Dielektrizitäts- und Permeabilitätskonstante von festen und flüssigen Materialien im rechteckigen Hohlleiter und im freien Raum bei Frequenzen von 9200 und 33000 MHz
in Vorbereitung

HEFT 524
Dr. rer. nat. S. Lockau, Emlichheim
Versuche zur Gewinnung von Kartoffeleiweiß
in Vorbereitung

HEFT 525
Prof. Dr. Dr. h.c. H. P. Kaufmann und Dr. F. Weghorst, Münster
Beiträge zur Chemie und Technologie der Fetthärtung I
in Vorbereitung

HEFT 526
Dr. phil. habil. P. Hölemann und Ing. R. Hasselmann, Dortmund
Einfluß der Oberflächenbeschaffenheit der Wandung auf den Ablauf von Azetylenexplosionen
in Vorbereitung

HEFT 527
Dr. rer. nat. K. G. Müller, Hanau/W.
Wärmeübertragung auf eine Flugstaubströmung im senkrechten Rohr sowie auf eine durchströmte Schüttgutschicht
in Vorbereitung

HEFT 528
Dr. P. Ney und Dr. F. Schwarz, Köln
Physikochemische Grundlagen der Bildsamkeit von Kalken unter Einbeziehung des Begriffs der aktiven Oberfläche

Kristallchemische Betrachtung der Bildsamkeit
in Vorbereitung

HEFT 529
Dr. phil. G. Riedel, Dortmund
Messung und Regelung des Klimazustandes durch eine die Erträglichkeit für den Menschen anzeigende Klimasonde
in Vorbereitung

HEFT 530
Prof. Dr. med. O. Graf, Dortmund
Nervöse Belastung im Betrieb — I. Teil: Nachtarbeit und nervöse Belastung
in Vorbereitung

HEFT 531
Prof. Dr.-Ing. habil. K. Krekeler, Dipl.-Ing. H. Verhoeven und Dipl.-Ing. H. Ernenputsch, Aachen
Autogenes Entspannen bei niedrigen Temperaturen
in Vorbereitung

HEFT 532
Prof. Dr.-Ing. habil. K. Krekeler, Dipl.-Ing. H. Verhoeven und Dipl.-Ing. W. Krieweth, Aachen
Schutzgasschweißen mit kontinuierlich abschmelzender Elektrode von niedriglegierten Kohlenstoffstählen (Sigma-Schweißen)
in Vorbereitung

HEFT 533
Prof. Dr.-Ing. H. Opitz und Dipl.-Ing. W. Hölken, Aachen
Untersuchung von Ratterschwingungen an Drehbänken
in Vorbereitung

HEFT 534
Oberbergamtsdirektor H. Sanders, Dortmund
Seismische Forschungsarbeiten im Ostteil des Grubenfeldes König Ludwig
in Vorbereitung

HEFT 535
Dr.-Ing. J. Lennertz, Köln
Einfluß des Ausbaugrades und Benutzungsgrades nachrichtentechnischer Einrichtungen auf die Gesamtwirtschaft
in Vorbereitung

HEFT 536
Dr. rer. nat. C. W. Czernin-Chudenitz, Krefeld
Limnologische Untersuchungen des Rheinstromes. — Quantitative Phytoplanktonuntersuchungen
in Vorbereitung

HEFT 537
Dr.-Ing. N. Gössl, Frankfurt/M.
Probleme der Zugförderung im Zusammenhang mit der Ausnutzung der Atom-Energie
in Vorbereitung

HEFT 538
Prof. Dr. K. Hinsberg, Düsseldorf
Reaktion zur Frühdiagnose von Krebserkrankungen
in Vorbereitung

HEFT 539
Prof. Dr. L. v. Ubisch, Norwegen
Die philogenetischen Symmetrieveränderungen bei den Seeigeln
in Vorbereitung

HEFT 540
Prof. Dr. rer. nat. H. Krebs, Bonn
Die katalytische Aktivierung des Schwefels
in Vorbereitung

HEFT 541
Prof. Dr. O. Schmitz-DuMont, Bonn
Reaktionen in flüssigem Ammoniak zur Gewinnung von 1. Titanylamid, 2. Oxykobalt (III)-amiden, 3. Ammonobasischen Kobalt (III)-benzylaten
in Vorbereitung

HEFT 542
Dr. phil. nat. G. Zapf, Schwelm
Entwicklung eines Verfahrens zur Herstellung von Formteilen aus Sintermessing
in Vorbereitung

HEFT 543
Prof. Dr. phil. habil. H. E. Schwiete, Dr. phil. H. Müller-Hesse und Dipl.-Ing. G. Gelsdorf, Aachen
Einlagerungsversuche an synthetischem Mullit. Teil II
in Vorbereitung

HEFT 544
Prof. Dr. phil. habil. H. E. Schwiete, Dr.-Ing. A. K. Bose und Dr. phil. H. Müller-Hesse, Aachen
Die Schmelzphase in Schamottesteinen. — Teil II
in Vorbereitung

HEFT 545
Prof. Dr. phil. habil. H. E. Schwiete, Dr. rer. nat. G. Ziegler und Dipl.-Ing. Ch. Kliesch, Aachen
Thermochemische Untersuchungen über die Dehydration des Montmorillonits
in Vorbereitung

HEFT 546
Prof. Dr.-Ing. K. Leist und K. Graf, Aachen
Vergleich von Gleichdruck- und Verpuffungsgasturbinen
in Vorbereitung

HEFT 547
Prof. Dr.-Ing. K. Leist, K. Graf und D. Stojek, Aachen
Das betriebliche Verhalten von Gasturbinen-Fahrzeugen
in Vorbereitung

SPRINGER FACHMEDIEN WIESBADEN GMBH

HEFT 548

Prof. Dr.-Ing. K. Leist und J. Weber, Aachen

Spannungsoptische Untersuchungen von Turbinenscheiben mit angefrästen und eingesetzten Schaufeln

in Vorbereitung

HEFT 549

Dr.-Ing. R. Merten, Duisburg

Resonanzanpassung bei einem Tiefpaß

in Vorbereitung

HEFT 550

Dr. H. Stephan, Bonn

Elektrisches Standhöhenmeßgerät für Flüssigkeiten

in Vorbereitung

HEFT 551

Prof. Dr. phil. W. Weizel und Dipl.-Phys. B. Brandt, Bonn

Betriebsbedingungen einer stromstarken Glimmentladung

in Vorbereitung

HEFT 552

Dr.-Ing. G. Leiber und Dipl.-Ing. D. Schauwinhold, Duisburg-Hamborn

Versuche zur Erzeugung halbberuhigten Stahles

in Vorbereitung

HEFT 553

Prof. Dr. rer. pol. G. Garbotz und Dipl.-Ing. J. Theiner, Aachen

Untersuchungen der Walzverdichtungsvorgänge auf Lößlehm, Kies und Schotter

in Vorbereitung

HEFT 554

Prof. Dr.-Ing. H. Müller, Essen

Untersuchung von Elektrowärmegeräten für Laienbedienung hinsichtlich Sicherheit und Gebrauchsfähigkeit. — Teil II: Temperaturen an und in schmiegsamen Elektrogeräten

in Vorbereitung

HEFT 555

Prof. Dr. med. H. Elbel und Dipl.-Phys. K. Sellier, Bonn

Der Nachweis kleinster CO-Mengen in Körperflüssigkeiten

in Vorbereitung

HEFT 556

Prof. Dr. A. Gütgemann und Dr. med. G. Karcher, Bonn

Klinische und experimentelle Untersuchungen mit Hilfe einer künstlichen Niere

in Vorbereitung

HEFT 557

Dr.-Ing. H. Schiffers, Dipl.-Ing. D. Ammann, Dipl.-Ing. E. Brugger und R. Dicke, Aachen

Härtbarkeit von Gußeisen mit Lamellen- und Kugelgraphit in Abhängigkeit von Zusammensetzung und Gefüge

in Vorbereitung

HEFT 558

Dr. phil. C. A. Roos, Aachen

Menschlich bedingte Fehlleistungen im Betrieb und Möglichkeiten ihrer Verringerung

in Vorbereitung

HEFT 559

Prof. Dr. H. E. Schwiete und Dipl.-Chem. R. Gauglitz, Aachen

Die Verflüssigung von Montmorillonitschlämmen

in Vorbereitung

HEFT 560

Prof. Dr. med. J. Vonkennel und Dr. G. Froitzheim, Köln

Zur Prüfung silikonhaltiger Hautschutzsalben

in Vorbereitung

HEFT 561

Prof. Dipl.-Ing. W. Sturtzel und Dr.-Ing. Schmidt-Stiebitz, Duisburg

Verbesserung des Wirkungsgrades von Düsenpropellern durch zusätzlich angeordnete Mischdüsen

in Vorbereitung

HEFT 562

Prof. Dr.-Ing. H. Schenck, Prof. Dr. phil. habil N. G. Schmahl und Dr.-Ing. G. Funke, Aachen

Die Reduzierbarkeit von Eisenerzen

in Vorbereitung

HEFT 563

Dr. D. v. Oppen, Dortmund

Beiträge zur Soziologie der Gemeinde im Ruhrgebiet.— II. Familien in ihrer Umwelt

in Vorbereitung

HEFT 565

Dr. K. Hahn und Dr. R. Mackensen, Dortmund

Beiträge zur Soziologie der Gemeinde im Ruhrgebiet. — IV. Die kommunale Neuordnung des Ruhrgebietes, dargestellt am Beispiel Dortmunds

in Vorbereitung

HEFT 566

Dr. H. Klages, Dortmund

Der Nachbarschaftsgedanke und die nachbarliche Wirklichkeit in der Großstadt

in Vorbereitung

SPRINGER FACHMEDIEN WIESBADEN GMBH

Printed in the United States
By Bookmasters